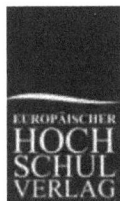

EUROPÄISCHER
HOCH
SCHUL
VERLAG

IDEEN

zu einer

GEOGRAFIE DER PFLANZEN

NEBST

EINEM NATURGEMÄLDE
DER TROPENLÄNDER

Auf Beobachtungen und Messungen gegründet, welche vom
10ten Grade nördlicher bis zum 10ten Grade südlicher
Breite, in den Jahren 1799, 1800, 1801, 1802 und 1803
angestellt worden sind

VON

AL. VON HUMBOLDT UND A. BONPLAND

BEARBEITET UND HERAUSGEGEBEN VON DEM
ERSTEREN

MIT EINER KUPFERTAFEL

NACHDRUCK DER ORIGINALAUSGABE VON 1807
(F.G. COTTA, TÜBINGEN)

ISBN: 978-3-86741-174-5
©EUROPÄISCHER HOCHSCHULVERLAG GMBH & CO
KG (WWW.EH-VERLAG.DE)

REIHE: HISTORICAL SCIENCE, BAND 13

VORREDE.

Nach einer fünfjährigen Abwesenheit von
Europa, nach einem Aufenthalte in Ländern,
von welchen viele nie von Naturkundigen besucht
worden sind, hätte ich vielleicht eilen dürfen,
eine kurze Schilderung meiner Reise bekannt zu
machen. Ich hätte mir sogar schmeicheln können,
daſs diese Eile den Wünschen des Publikums
gemäſs gewesen wäre, von dem ein groſser Theil
einen so aufmunternden Antheil an meiner per-
sönlichen Erhaltung und dem Fortgange meiner
Unternehmungen geäuſsert hat. Aber ich habe
geglaubt, daſs es nützlicher für die Wissenschaften sey, ehe ich von mir selbst und den Hinder-
nissen spreche, welche ich in jenen entfernten
Weltgegenden zu überwinden hatte, die Haupt-

resultate der von mir beobachteten Erscheinungen in ein allgemeines Bild zusammenzufassen. Dieses Naturgemälde ist das Werk, welches ich gegenwärtig den Physikern vorzulegen wage, und dessen einzelne Theile in meinen nächstfolgenden Arbeiten näher entwickelt werden sollen.

Ich stelle in diesem Naturgemälde alle Erscheinungen zusammen, welche die Oberfläche unsers Planeten und der Luftkreis darbietet, der jenen einhüllt. Naturkundige, welche den dermaligen Zustand unsers empirischen Wissens, besonders den der Meteorologie kennen, werden sich nicht wundern, so viele Gegenstände in so wenigen Bogen behandelt zu sehen. Hätte ich längere Zeit auf ihre Bearbeitung verwenden können, so würde mein Werk nur noch kürzer geworden seyn: denn mein Naturgemälde sollte nur allgemeine Ansichten, sichere und durch Zahlen auszudrückende Thatsachen aufstellen.

Seit meiner frühesten Jugend hatte ich Ideen zu einem solchen Werke gesammelt. Den ersten Entwurf zu einer Pflanzen-Geographie legte ich meinem Freunde Georg Forster, dessen Namen ich nie ohne das innigste Dankgefühl ausspreche, vor. Das Studium mehrerer Theile der physikalisch-mathematischen Wissenschaften, dem ich mich nachmals gewidmet, hat mir Gelegenheit verschafft, meine ersten Ideen zu erweitern. Vor allem aber verdanke ich die Materialien zu dieser Arbeit meiner Reise nach den Tropenländern. Im Angesichte der Objekte, die ich schildern sollte; von einer mächtigen, aber selbst durch ihren innern Streit wohlthätigen Natur umgeben; am Fuße des Chimborazo, habe ich den größern Theil dieser Blätter niedergeschrieben. Ich habe geglaubt, ihnen den Titel *Ideen zu einer Geographie der Pflanzen* lassen zu müssen. Jeder andere unbescheidnere Titel würde die Unvollkommenheit meines Versuchs auffallender und ihn selbst der Nachsicht des Publikums unwerther gemacht haben.

Dem Felde der empirischen Naturforschung getreu, dem mein bisheriges Leben gewidmet gewesen ist, habe ich auch in diesem Werke die mannichfaltigen Erscheinungen mehr neben einander aufgezählt, als, eindringend in die Natur der Dinge, sie in ihrem innern Zusammenwirken geschildert. Dieses Geständnifs, welches den Standpunkt bezeichnet, von welchem ich beurtheilt zu werden hoffen darf, soll zugleich auch darauf hinweisen, dafs es möglich seyn wird, einst ein Naturgemälde ganz anderer und gleichsam höherer Art naturphilosophisch darzustellen. Eine solche Möglichkeit nähmlich, an der ich vor meiner Rückkunft nach Europa fast selbst gezweifelt; eine solche Reduction aller Naturerscheinungen, aller Thätigkeit und Gebilde, auf den nie

beendigten Streit entgegengesetzter Grundkräfte
der Materie, ist durch das kühne Unternehmen
eines der tiefsinnigsten Männer unsers Jahrhunderts begründet worden. Nicht völlig unbekannt
mit dem Geiste des Schellingischen Systems, bin
ich weit von der Meynung entfernt, als könne
das ächte naturphilosophische Studium den empirischen Untersuchungen schaden, und als sollten ewig Empiriker und Naturphilosophen als
streitende Pole sich einander abstofsen. Wenige
Physiker haben lauter als ich über das Unbefrie-
digende der bisherigen Theorien und ihrer Bil-
dersprache geklagt; wenige haben so bestimmt
ihren Unglauben an den specifiken Unterschied
der sogenannten Grundstoffe geäufsert. (*Versuche
über die gereitzte Muskel- und Nervenfaser, B. I,
S.* 376 *und* 422; *B. II, S.* 34, 40.) Wer kann
daher auch frohern und innigern Antheil, als ich,
an einem Systeme nehmen, das, die Atomistik

untergrabend, und von der auch von mir einst befolgten einseitigen Vorstellungsart, alle Differenz der Materie auf blofse Differenz der Raumerfüllung und Dichtigkeit zurückzuführen, entfernt, helles Licht über Organismus, Wärme, magnetische und elektrische, der bisherigen Naturkunde so unzugängliche, Erscheinungen zu verbreiten verheifst?

Das Naturgemälde, welches ich hier liefere, gründet sich auf Beobachtungen, die ich theils allein, theils mit Herrn Bonpland gemeinschaftlich angestellt habe. Durch die Bande inniger Freundschaft viele Jahre lang mit einander verbunden, die mannichfaltigen Beschwerden theilend, denen man in unkultivirten Ländern und unter dem Einflusse bösartiger Klimate ausgesetzt ist, haben wir beschlossen, dafs alle Arbeiten, welche als Früchte unserer Expedition zu betrachten sind, unsere beyden Namen zugleich führen sollen.

Während der Redaction dieses Werks zu Paris, habe ich oft des Raths der vortrefflichen Männer bedurft, mit denen ich das Glück habe in genauen Verbindungen zu leben. Herr Laplace, dessen Name meiner Lobsprüche nicht bedarf, hat seit meiner Rückkunft aus Philadelphia die wärmste Theilnahme an der Ausarbeitung meiner unter den Tropen gesammelten Beobachtungen bezeugt. Aufklärend was ihn umgibt durch die Fülle seiner Kenntnisse und die Kraft seines Genies, ist sein Umgang von eben so belebendem wohlthätigem Einflusse für mich geworden, als für alle junge Männer, denen er gern seine wenige Muße aufopfert.

Die Pflichten der Freundschaft fordern mich auf, nicht minder dankbar Herrn Biot, Mitglied der ersten Klasse des National-Instituts, zu nennen. Der Scharfsinn des Physikers ist so glücklich in ihm mit der Stärke des Mathematikers vereinigt,

dafs auch er mir bey der Bearbeitung meiner Rei-
sebeobachtungen sehr nützlich geworden ist. Er
selbst hat die Tafeln für die Horizontal-Refraction
und die Lichtschwächung berechnet.

Mehrere Thatsachen über die Wanderungen der
Fruchtbäume, habe ich aus Herrn Sickler's vortrefflicher Schrift entlehnt. Herr Decandolle und Herr
Ramond haben mir interessante Beobachtungen
über den Stand der Gewächse in den Schweizer-
und Pyrenäischen Gebirgen mitgetheilt. Andere
verdanke ich den klassischen Schriften meines viel-
jährigen Freundes und Lehrers Willdenow. Es
schien nicht unwichtig, einen Rückblick auf die
gemäfsigte Zone zu werfen, und die Vertheilung
europäischer Pflanzen mit der der südamerikanischen zu vergleichen.

Herr Delambre hat mein Tableau der Berghöhen mit mehreren, nie bekannt gemachten
eigenen Messungen vermehrt. Ein Theil der mei-

nigen ist nach der neuen Laplace'schen Barome-
terformel durch Herrn Prony berechnet worden.
Eben derselbe hat mit der gefälligsten Bereitwil-
ligkeit die Berechnung von mehr als vier hundert Messungen übernommen.

Ich beschäftige mich gegenwärtig mit der Bearbeitung des Bandes, welcher meine astronomischen Beobachtungen enthalten soll. Ein Theil
derselben ist bereits dem Längen-Büreau in Paris
zur Prüfung vorgelegt worden. Es würde voreilig
seyn, vor der Vollendung dieses astronomischen
Bandes, die geographischen Karten, welche ich
gezeichnet, oder die Reisebeschreibung selbst
herauszugeben, da Lage und Höhe eines Orts
fast auf alle physikalische und moralische Erscheinungen einen nähern oder entferntern Einfluß
haben. Ich darf mir schmeicheln, daß besonders
die Längen-Bestimmungen, zu denen ich während der mühseligen Schiffahrt auf dem Orinoco,

⋆⋆

dem Cassiquiare und dem Rio Negro Gelegenheit
gehabt habe, denjenigen interessant seyn werden,
welche den mangelhaften Zustand der Geographie
des Innern von Süd-Amerika kennen. Trotz der
genauen Beschreibung, welche der Pater Caulin
von dem Cassiquiare geliefert, haben neuere
Geographen doch wieder die gröfsten Zweifel
über die Verbindungsart des Orinoco mit dem
Amazonenflusse geäufsert. Da ich selbst in diesen
Gegenden mit astronomischen Werkzeugen gearbeitet habe, so erwartete ich freylich nicht, dafs
man mich mit Bitterkeit[1] tadeln würde, wenn ich
den Lauf der Berge und Flüsse nicht immer in
der Natur so finde, als sie die Karte von La Cruz
angibt : aber es ist das gewöhnliche Schicksal der
Reisenden, da zu misfallen, wo sie hergebrachten
Meinungen widersprechen. Nach vollendeter Her-

---

[1] Géographie moderne de Pinkerton, traduite par Walkenaer, T. VI,
p. 174-177.

ausgabe meiner astronomischen Beobachtungen,
wie der der barometrischen und geodesischen
Messungen, werden meine übrigen Arbeiten
schnell hinter einander dem Publikum vorgelegt
werden können : denn erst nach der Bearbeitung
aller jetzt vorräthigen Materialien, werde ich
mich mit der neuen Expedition beschäftigen,
deren Plan ich entworfen, und von der ich hoffe,
dafs sie grofse Aufklärung über die wichtigsten
magnetischen und meteorologischen Erscheinungen verbreiten soll.

Ich kann die ersten Resultate meiner Reise nach
den Tropenländern nicht bekannt machen, ohne
diese Gelegenheit zu benutzen, der spanischen
Regierung, welche fünf Jahre lang mein Unternehmen eines so besondern Schutzes gewürdigt
hat, den Tribut meines tiefen und ehrerbietigen
Dankes darzubringen. Mit einer Freyheit arbei-
tend, die vorher nie einem Fremden oder einem

Privat-Manne zu Theil geworden ist, unter einer
edeln Nation, die im Drange der Begebenheiten
ihre Eigenthümlichkeit erhalten hat, habe ich in
jenen fernen Weltgegenden fast kein anderes Hin-
dernifs gekannt, als das was die Natur den Menschen entgegensetzt. So wird das Andenken an
meinen Aufenthalt in dem neuen Kontinente stets
mit dem lebhaftesten Dankgefühle für die liebe-
volle Behandlung begleitet seyn, welche ich, in
den spanischen Colonien beyder Hemisphären,
wie in dem nordamerikanischen Freystaate, von
allen Klassen der Einwohner erfahren habe.

Rom, im Julius 1805.

A L. VON H U M B O L D T.

IDEEN

ZU EINER

GEOGRAPHIE DER PFLANZEN.

~~~~~~~~~~~~~~~~~~

Die Untersuchungen der Naturforscher sind gewöhnlich nur auf Gegenstände beschränkt, welche einen sehr geringen Theil der Pflanzenkunde umfassen. Sie beschäftigen sich fast allein mit Aufsuchung neuer Arten, mit Beschreibung der äufsern Form derselben, und mit den Kennzeichen, nach deren Ähnlichkeit sie in Klassen oder Familien vereinigt werden.

Dieses physiognomische Studium der organischen Geschöpfe ist unstreitig das wichtigste Fundament aller Naturbeschreibung. Ohne dasselbe können selbst diejenigen Theile der Botanik, welche auf das Wohl der menschlichen Gesellschaft einen mehr unmittelbaren Einflufs zu haben scheinen, wie die Lehre von den Heilkräften der Pflanzen, von ihrer Kultur und ihrem technischen Gebrauche, keine bedeutenden Fortschritte machen. So wünschenswerth es demnach aber auch ist, dafs viele Botaniker sich ausschliefslich diesem weitumfassenden Studium widmen mögen; so sehr auch die natürliche Verkettung der Formen einer philosophischen Behandlung fähig ist : so ist es dennoch nicht

minder wichtig die Geographie der Pflanzen zu bearbeiten,
eine Disciplin, von welcher kaum nur der Name existirt,
und welche die interessantesten Materialien zur Geschichte
unsers Planeten enthält. Sie betrachtet die Gewächse nach dem Verhältnisse ihrer
Vertheilung in den verschiedenen Klimaten. Fast grenzen-
los, wie der Gegenstand den sie behandelt, enthüllt sie
unseren Augen die unermefsliche Pflanzendecke, welche,
bald dünner, bald dichter gewebt, die allbelebende Natur
über den nackten Erdkörper ausgebreitet hat. Sie verfolgt
die Vegetation von den luftdünnen Höhen der ewigen
Gletscher bis in die Tiefe des Meeres, oder in das Innere
des Gesteins, wo in unterirdischen Höhlen Kryptogamen
wohnen, die noch so unbekannt als die Gewürme sind,
welche sie nähren.

Der obere Rand dieser Pflanzendecke liegt, wie der des
ewigen Schnees, höher oder tiefer, nach dem Breitengrade
der Orte oder nach der Schiefe der wärmenden Sonnenstrahlen. Aber die untere Grenze der Vegetation bleibt uns
völlig unbekannt : denn genaue Beobachtungen, welche man
über die unterirdischen Gewächse beyder Hemisphären angestellt hat, lehren, dafs das Innere der Erde überall belebt
ist, wo organische Keime Raum zur Entwickelung und eine
sauerstoffhaltige Flüssigkeit zur Ernährung gefunden haben.
Jene schroffen beeisten Klippen, die hoch über der Wol-
kenschichte hervorragen, sind mit Laubmoosen und Flechtenarten bewachsen. Ihnen ähnliche Kryptogamen breiten,
bald buntgefärbt, bald von blendender Weisse, ihr weiches

faseriges Gewebe über die Stalaktiten-Wände unterirdischer
Grotten und über das feuchte Holz der Bergwerke aus. So
nähern sich gleichsam die äufsersten Grenzen der Vegetation,
und bringen Formen hervor, deren einfacher Bau von den
Physiologen noch wenig erforscht ist. Aber die Pflanzen-Geographie ordnet die Gewächse nicht
blofs nach Verschiedenheit der Klimate und Berghöhen, in
welchen sie sich finden; sie betrachtet dieselben nicht blofs
nach den wechselnden Graden des Luftdruckes, der Temperatur, der Feuchtigkeit und elektrischen Tension, unter
welchen sie sich entwickeln : sie unterscheidet unter den
zahllosen Gewächsen des Erdkörpers, wie unter den Thieren,
zwey Klassen[1], die in ihrem Verhältnisse gegen einander (und
so zu sagen in ihrer Lebensweise) weit von einander abstehen.

Einige wachsen einzeln und zerstreut. So in der gemäs-
sigten Zone, in Europa, *Solanum dulcamara*, *Lychnis dioica*,
Polygonum bistorta, *Anthericum liliago*, *Cratægus aria*,
Weissia paludosa, *Polytrichum piliferum*, *Fucus saccharinus*,
Clavaria pistillaris, und *Agaricus procerus* : so unter den
Wendekreisen, im neuen Kontinent, *Theophrasta americana*,
Lysianthus longifolius, *Hevea*, die meisten Cinchona-Arten,
Vallea stipularis, *Anacardium caracoli*, *Quassia simaruba*,
Spondias mombin, *Manettia reclinata*, und *Gentiana
aphylla*.

Andere Gewächse, gesellig vereinigt, gleich Ameisen und

---

[1] Ich habe auf diesen Unterschied und auf andere Verhältnisse der Pflanzen-Geographie schon in meiner *Flora Fribergensis* (1793) aufmerksam gemacht.

Bienen, bedecken ganze Erdstrecken, von denen sie alle
von ihnen verschiedene Pflanzen ausschliefsen. Zu diesen
gehört das Heidekraut (*Erica vulgaris*), die Erdbeeren (*Fragaria vesca*), *Vaccinium myrtillus*, *Polygonum aviculare*,
Cyperus fuscus, *Aira canescens*, *Pinus sylvestris*, *Sesuvium
portulacastrum*, *Rhizophora mangle*, *Croton argenteum*,
Convolvulus brasiliensis, *Brathys juniperina*, *Escallonia
myrtilloides*, *Bromelia karatas*, *Sphagnum palustre*, *Polytrichum commune*, *Fucus natans*, *Sphæria digitata*, *Lichen
hæmatomma*, *Cladonia paschalis*, und *Thælæphora hirsuta*.

Ob ich gleich unter diesen geselligen Pflanzen manche
südamerikanische mit aufgezählt habe : so ist ihr Vorkommen
in den Tropenländern doch im Ganzen seltener, als in der
gemäfsigten Zone, wo ihre Menge den Anblick der Vegetation einförmiger und defshalb unmalerischer macht. Von
dem Ufer des Orinoco bis zu dem des Amazonen-Stroms
und des Ucayale, in einer Ebene von mehr als drey hundert
Meilen, ist das Land ein ununterbrochener dichter Wald.
Hinderten nicht trennende Flüsse, so könnten Affen, die
fast die ausschliefslichen Bewohner dieser Einöde sind, ohne
die Erde zu berühren, von Zweige zu Zweige sich schwin-
gend, aus der nördlichen Hemisphäre in die südliche übergehen. Aber diese unermefslichen Waldungen bieten dem
Auge nicht das ermüdende Schauspiel der geselligen Pflanzen
dar. Jeder Theil ist mit anderen Formen geschmückt. Hier
stehen dichtgedrängt *Psychotria*, buchenblätterige Mimosen
und immerblühende *Melastoma* : dort verschlingen die
hohen Zweige Cäsalpinien, mit Vanille umränkte Feigen-

bäume, Lecythis-Arten, und die von gerinnbarer Milch[1]
strotzenden Heveen. Kein Gewächs übt hier verdrängende
Herrschaft über die anderen aus.

Ganz anders sind die Pflanzen in der Gegend der Tropenländer vertheilt, welche an Neu-Mexico und Louisiana
grenzt. Zwischen dem siebzehnten und zwey und zwanzigsten Grade nördlicher Breite ist eine kalte, zwey tausend
Meter (6000 Fufs) über den Meerspiegel erhabene Gebirgsebene (*Anahuac* nennen die Eingeborenen dieses Land), dicht
mit Eichen und mit einer Tannen-Art bewachsen, welche
sich dem *Pinus strobus* naht. Liquidambarbäume, *Arbutus
madronno*, und andere gesellige Pflanzen bedecken in den
anmuthigen Thälern von Xalapa den östlichen Abfall der
mexicanischen Gebirgskette. Boden, Klima, Pflanzen, Formen, ja die ganze Ansicht des Landes, nehmen hier einen
Charakter an, welcher der gemäfsigten Zone anzugehören
scheint, und den man innerhalb der Wendekreise, in gleicher Berghöhe, in Südamerika nirgends beobachtet. Die
Ursache dieses sonderbaren Phänomens liegt wahrscheinlich
gröfstentheils in der Gestalt des neuen Kontinents, der an
Breite übermäfsig zunehmend hoch gegen den Nordpol ansteigt; wodurch das Klima von Anahuac kälter wird, als
es nach des Landes Lage und Höhe seyn sollte. Canadische
Pflanzen sind so auf dem hohen Gebirgs-Rücken allmählich
gegen Süden gewandert; und nahe am Wendekreise des

---

[1] *Kautschuk*, durch Absorption des atmosphärischen Oxygens sich aus der
Milch abscheidend.

Krebses sieht man jetzt die feuerspeyenden Berge von Mexico
mit denselben Tannen bewachsen, welche den nördlichen
Quellen des Gila und Missury eigen sind. In Europa ist die grofse Katastrophe, welche durch plötzliches Anschwellen der Binnenwasser erst die Dardanellen
und nachher die Säulen des Herkules durchbrochen und
das breite Thal des Mittelmeers ausgehöhlt hat, dem Ueber-
gang afrikanischer Pflanzen hinderlich gewesen. Nur die
wenigen, welche man in Neapel, in Sicilien und in dem
südlichen Frankreich findet, sind wahrscheinlich, wie die
Affen von Gibraltar, vor diesem Durchbruche eingewandert.
Die Kälte der pyrenäischen Gebirgspässe beweist, dafs sie
unmittelbar von Süden her, aus dem Berberen-Lande, und
nicht durch Spanien von Südwesten her, gekommen sind.
In den folgenden Jahrtausenden hat das länderscheidende,
aber für Schiffahrt, gegenseitigen Verkehr und intellectuelle
Kultur des Menschengeschlechts so wichtige Mittelmeer,
diese Einwanderung unmöglich gemacht, und die südeuro-
päische Vegetation kontrastirt defshalb mit der von Nieder-
Ägypten und den nordatlantischen Küsten. Nicht so ist die
Pflanzenvertheilung zwischen Canada und der mexicanischen
Landenge. Beyde Länder haben gleichsam ihre Gewächse
gegen einander ausgetauscht, und die Hügel, welche das
Thal von Tenochtitlan begrenzen, sind fast mit denselben
Bäumen bedeckt, welche unter dem fünf und vierzigsten Brei-
tengrade nördlich vom Kranichgebirge und dem Salzsee von
Timpanogos, vegetiren. Wenn Künstler diesen mexicani-
schen Theil der Tropenregion besuchten, um in demselben

den Charakter der Vegetation zu studiren, würden sie dort vergebens die Pracht und Gestaltverschiedenheit der Äquinoctial-Pflanzen suchen. Sie würden in dem Parallel der westindischen Inseln Wälder von Eichen, Tannen und zweyzeiligen Cypressen finden; Wälder, welche die ermüdende Einförmigkeit der geselligen Pflanzen von Canada, Nordasien und Europa, darbieten.

Es wäre ein interessantes Unternehmen, auf botanischen Special-Karten die Länderstrecken anzudeuten, welche diese gesellige Verbindung von Gewächsen einerley Art auf dem Erdboden einnehmen. Sie würden sich in langen Zügen darstellen, die, Unfruchtbarkeit verbreitend, alle Kultur um sich her verdrängen, und bald als Heiden, bald als unermefsliche Grasfluren (Steppen, Savanen), bald als undurchdringliche Waldungen, dem Verkehre des Menschengeschlechts fast gröfsere Hindernisse, als Berge und Meer, entgegenstellen. So beginnt das Heideland, diese Gruppirung der *Erica vulgaris, Erica tetralix*, des *Lichen icmadophila* und *Lichen hæmatomma*, von der Nordspitze von Jütland, und dehnt sich südlich, durch Holstein und Lüneburg[1], bis über den zwey und fünfzigsten Breitengrad hinaus. Von da wendet es sich gegen Westen, und reicht, durch die Granitebenen von Münster und Breda, bis an die Küsten des englischen Oceans. Seit vielen Jahrhunderten herrschen diese Pflanzen in den nordischen Ländern. Die Industrie der Anwohner, gegen jene Alleinherrschaft ankämpfend, hat ihnen bisher

---

[1] Fast bis 52° 27'.

nur wenig Raum abgewonnen. Aber diese neugefurchten
Äcker, diese Eroberungen des Kunstfleifses, die allein wohlthätigen für die Menschheit, bilden Inseln von frischem
Grün in der öden Heide. Sie erinnern an jene Oasen,
welche den Keim des vegetabilischen Lebens mitten in den
todten Sandwüsten Lybiens bewahren.

Ein Laubmoos, *Sphagnum palustre*, welches den Tropen
und den gemäfsigten Klimaten gleich eigen ist, bedeckte
ehemals einen beträchtlichen Theil von Deutschland. Die
häufigen Torfmoore in den baltischen und westdeutschen
Ländern bezeugen, wie weit jene gesellige Pflanze dort
einst verbreitet war : denn die neueren Moore verdanken
zwey Sumpf-Kryptogamen, dem *Sphagnum* und *Mnium*
serpillifolium, ihren Ursprung, während dafs der Torf älterer
Formation aus zusammengehäuften Meer-Ulven und koch-
salzhaltigen Fucus-Arten entstanden ist, und daher oft auf
einem Bette kleiner Seemuscheln ruht. Durch Ausrottung
der Wälder haben ackerbauende Völker die Nässe des
Klima vermindert. Die Sümpfe sind nach und nach abge-
trocknet, und das *Sphagnum*, welches den Nomaden des ·
alten Germaniens ganze Länderstrecken unbewohnbar
machte, ist durch nutzbare Gewächse verdrängt worden.

Unerachtet das Phänomen der geselligen Pflanzen der
gemäfsigten Zone hauptsächlich und fast ausschliefslich
angehört : so liefern die Tropenländer doch auch einige
Beyspiele davon. Den langen Rücken der Andeskette in
einer Höhe von drey tausend Meter über dem Meere (fast
9300 Schuh), bedecken in einförmigen Zügen die gelbblü-

hende Schite (*Brathys juniperina*), Schitimani, (*Brathys ovata*), *Jarava*, eine Grasart, die dem *Papporophorum* verwandt ist, myrtillblättrige *Escallonia*, mehrere Arten strauchartiger Molinen, und die *Tourrettia*, deren nährendes Mark der Indianer oft aus Dürftigkeit den Bären streitig macht. In den brennend heifsen Ebenen zwischen dem Chinchipe und dem Amazonenflusse wachsen gesellig silberblättriger Croton, *Godoya*, und die mit farbigen Bracteen bedeckte *Bougainvillea*. In den Grasfluren (Savanen) des Nieder-Orinoco wachsen *Kyllingia*, reitzbare Mimosen, und, wo eine Quelle ausbricht, die fächerige Morizpalme mit purpurrothen zapfenartigen Früchten. Eben so haben wir im Königreiche Neu-Granada, zwischen Turbaco und Mahates, am Madalenen-Strome, wie an dem westlichen Abfall der Schnee-Alpen von Quindiu, fast ununterbrochene Wälder von Bambus-Schilf und pisangblättrigen Heliconien gefunden. Aber diese Gruppen geselliger Pflanzen sind stets minder ausgedehnt und seltener unter den Wendekreisen, als in der gemäfsigten und kalten Zone der nördlichen Erde.

Um über die ehemalige Verbindung nahegelegener Kontinente zu entscheiden, gründet sich der Geognost auf die ähnliche Struktur der Küsten, auf die Schichtung und Lagerung ihrer Gebirgsarten, die gleichen Menschen- und Thier-Racen, die sie bewohnen, und auf die Untiefen des angrenzenden Meeres. Die Geographie der Pflanzen kann nicht minder wichtige Materialien für diese Art der Untersuchungen liefern. Sie betrachtet die Gewächse, welche Ost-Asien mit Kalifornien und Mexico gemein hat. Sie macht es wahrscheinlich, dafs Süd-Amerika sich vor der Entwickelung organischer Keime auf dem Erdboden von Afrika getrennt, und dafs beyde Kontinente mit ihren östlichen und westlichen Ufern einst, gegen den Nordpol hin, zusammengehangen haben. Durch sie geleitet kann man in das Dunkel eindringen, welches den frühesten Zustand unsers Planeten einhüllt, um zu entscheiden, ob nach den chaotischen Wasserfluthen die trocknende Erdrinde an vielen Orten zugleich mit verschiedenen Pflanzenarten bedeckt worden ist, oder ob (nach der uralten Mythe vieler Völker) alle vegetabilischen Keime sich zuerst in einer Gegend entwickelt haben, von wo sie, auf schwer zu ergründenden Wegen und der Verschiedenheit der Klimate trotzend, nach allen Weltgegenden gewandert sind.

Die Geographie der Pflanzen untersucht, ob man unter den zahllosen Gewächsen der Erde gewisse Urformen entdecken, und ob man die specifische Verschiedenheit als Wirkung der Ausartung und als Abweichung von einem Prototypus betrachten kann. Sie löset das wichtige und oft bestrittene Problem, ob es Pflanzen gibt, die allen Klimaten, allen Höhen und allen Erdstrichen eigen sind?

Wenn ich es wagen dürfte, allgemeine Folgerungen aus dem zu ziehen, was ich selbst in einem geringen Theile beyder Hemisphären beobachtet: so sollte ich vermuthen, dafs einige kryptogamische Pflanzen die einzigen sind, welche die Natur überall[1] hervorbringt. *Dicranum scoparium,*

---

[1] Auch Herr Schwarz fand europäische Moose, *Funaria hygrometrica, Dicranum*

Polytrichum commune, *Verrucaria sanguinea* und *Verrucaria limitata* Scopoli, wachsen unter allen Breiten, in Europa wie unter dem Äquator, auf dem Rücken hoher Gebirge wie an den Meeresküsten, überall wo sie Schatten und Feuchtigkeit finden.

Am Ufer des Madalenen-Flusses, zwischen Honda und der Ägyptiaca, in einer Ebene wo das Thermometer ununterbrochen fünf und zwanzig bis acht und zwanzig Grade zeigt, am Fuße der *Ochroma* und des großblättrigen *Macrocnemum*, haben wir Moosdecken gefunden, so dicht gewebt und von so frischem Grün, als man sie nur in schwedischen oder norddeutschen Wäldern beobachtet. Wenn andere Reisende behaupten, daß Laubmoose und alle Kryptogamen überhaupt in der heißen Zone selten sind: so liegt der Grund dieser Behauptung unstreitig darinn, daß sie nicht tief genug ins Innere der Wälder eindrangen, sondern nur dürre Küsten oder kultivirte Inseln besuchten. Von den Flechten finden sich sogar viele derselben Art unter allen Graden der Breite in der Nord- und Südzone. Sie scheinen fast unabhängig vom Einflusse des Klima, wie die Gebirgsarten, auf denen sie wachsen, und von denen kaum eine irgend einem Theile der Erde ausschließlich zugehört.

Unter den phanerogamischen Pflanzen kenne ich keine, deren Organe biegsam genug sind, um sich allen Zonen und allen Höhen des Standorts anzueignen. Mit Unrecht hat man drey Gewächsen, der *Alsine media*, der *Fraga-*

glaucum und *Bryum serpillifolium*, auf den blauen Bergen in Jamaika, deren Höhe zwey tausend zwey hundert und sechzehn Meter (1138 Toisen) beträgt.

ria vesca und dem *Solanum nigrum*, den Vorzug dieser
Biegsamkeit zugeschrieben, dessen sich der Mensch allein
und einige Hausthiere erfreuen, die ihn umgeben. Schon
die pensylvanische und canadische Erdbeere ist von unserer
europäischen verschieden. Von der letztern glaubten wir
zwar, Bonpland und ich, einige Pflanzen in Südamerika
entdeckt zu haben, als wir zu Fufse über die Schneegebirge
von Quindiu aus dem Madalenenthale in das Flufsthal des
Cauca kamen. Die wilde Natur dieses Theils der Andeskette,
die Einsamkeit jener Wälder von Wachspalmen, duftendem
Styrax und baumartigen Passifloren, die Unkultur der angrenzenden Gegenden; alle diese Umstände scheinen den
Verdacht auszuschliefsen, als hätten Vögel, oder gar die
Hand des Menschen, zufällig den Samen dieser Erdbeeren
verstreut. Fanden wir aber wirklich *Fragaria vesca?* Würde
die Blüthe, wenn wir sie gesehen hätten, uns nicht Verschiedenheiten zwischen der andesischen und europäischen
Fragaria gezeigt haben, da so manche andere Arten dieses
Geschlechts durch die feinsten Nüancen von einander abweichen? Mehrere deutsche und schwedische Gewächse,
welche man ehemals auf den Granitklippen des Feuerlan-
des, der Staateninsel, und an den Küsten der magellanischen
Meerenge, beobachtet zu haben glaubte, sind, bey näherer
Untersuchung des Charakters, von Decandolle, Willdenow[1]
und Desfontaines, als analoge, aber von den europäischen
verschiedene, Species erkannt worden.

---

[1] Siehe den vortrefflich ausgearbeiteten Abschnitt, *Geschichte der Pflanzen*,
in Willdenow's *Grundr. der Kräuterkunde*, 1802, S. 504.

Ich darf wenigstens mit Zuversicht behaupten, daſs in den vier Jahren, die ich in Südamerika in beyden Hemisphären herborisirt, ich nie ein einziges wildwachsendes, dem neuen Kontinente vor seiner Entdeckung zugehöriges, europäisches Gewächs beobachtet habe. Von vielen Pflanzen, zum Beyspiel von *Alsine media, Solanum nigrum, Sonchus oleraceus, Apium graveolens*, und *Portulaca oleracea*, darf man blofs behaupten, daſs sie, wie die Völker der kaukasischen Race, über einen beträchtlichen Theil der nördlichen Erdstriche verbreitet sind. Ob sie auch in den südlicheren Ländern existiren, in welchen man sie bisher noch nicht entdeckt hat, ist eine unzubeantwortende Frage. Naturforscher sind bisher noch so wenig in das Innere des afrikanischen, südamerikanischen und neuholländischen Kontinents eingedrungen; wir dürfen uns so wenig schmeicheln, die Flora dieser Länder vollständig zu kennen, während daſs man in Europa täglich unbeschriebene krautartige Gewächse, in dem vielbesuchten Pensylvanien sogar unbeschriebene Bäume[1], entdeckt, daſs es vorsichtiger ist, sich über diesen Punkt aller allgemeinen apodiktischen Aussprüche zu enthalten. Der Botaniker würde sonst leicht in den Fehler der Geognosten verfallen, von denen viele den ganzen Erdkörper nach dem Modelle der Hügel[2] konstruiren, welche ihnen zunächst liegen.

Um über das groſse Problem von der Wanderung der

---

[1] Den Oehl-Nufsbaum, *Pyrolaria*, Michaux.

[2] Der Brocken, der Montmartre, der Vesuv, der Peak von Derbyshire, der Saleve und Heinberg.

Vegetabilien zu entscheiden, steigt die Geographie der Pflanzen in das Innere der Erde hinab, um dort die Denkmähler der Vorzeit zu befragen, als versteintes Holz, Gewächs-Abdrücke, Torflagen, Steinkohlen, Flötze und Dammerde[1], welche die Grabstätte der ersten Vegetation unsers Planeten sind. Betroffen findet sie südindische Früchte, Palmenstämme, baumartige Farrenkräuter, Pisangblätter und den Bambos der Tropenländer, in den Erdschichten des kalten Nordens vergraben. Sie untersucht, ob diese Pflanzen heifser Klimate, wie Elephantenzähne, Tapir-, Krokodill- und Didelphis-Gerippe, die man neuerdings in Europa entdeckt hat, zur Zeit allgemeiner Wasserbedeckungen, durch die Gewalt der Meeresströme vom Äquator her in die gemäfsigten Zonen angeschwemmt worden sind, oder ob einst diese nördlichen Klimate selbst Pisanggebüsche und Elephanten, Krokodille und baumartiges Bambos-Schilf erzeugten.

Die Ruhe, in der man jene indischen Produkte oft familienweise geschichtet entdeckt, scheinet der erstern Hypothese, astronomische Gründe scheinen der letztern entgegen zu stehen. Aber vielleicht sind grofse Veränderungen der Klimate möglich, ohne zu einer gewaltsamen Bewegung der Erdachse und zu Perturbationen seine Zuflucht zu nehmen, welche der gegenwärtige Zustand der physikalischen Astronomie wenig wahrscheinlich macht.

Wenn alle geognostischen Phänomene bezeugen, dafs die

[1] Siehe Steffens geistvolle Abhandlung in Schellings *Zeitschrift für spekulative Physik*, B. 1, S. 160.

Rinde unsers Planeten noch späthin flüssig war; wenn man aus der Natur und aus der Lagerung der Gebirgsarten schliefsen darf, dafs die Niederschläge und die Erhärtung der Felsmassen auf dem ganzen Erdboden nicht gleichzeitig erfolgt sind : so sieht man ein, wie bey dem Übergange der Materie aus dem flüssigen in den festen Zustand, wie bey dem Erstarren und dem Anschusse der Gebirge um gemeinschaftliche Kerne, eine ungeheure Masse von Wärme-stoff frey geworden ist, und wie diese locale Entbindung, wenigstens auf eine Zeit lang, die Lufttemperatur einzelner Gegenden, unabhängig vom Stande der Sonne, hat erhöhen können. Würde aber eine solche temporäre Erhöhung der Luftwärme von so langer Dauer gewesen seyn, als es die Natur der zu erklärenden Phänomene erheischt?

Die Veränderungen, welche man seit Jahrhunderten in der Lichtstärke mehrerer Gestirne beobachtet hat, begün-stigen die Vermuthung, dafs dasjenige, welches das Centrum unsers Systems ausmacht, ähnlichen Modificationen von Zeit zu Zeit unterworfen ist. Sollte eine vermehrte Inten-sität der Sonnenstrahlen einst Tropenwärme über die dem Nordpole nahen Länder verbreitet haben? Sind diese Ver-änderungen, welche die Tropen-Regionen veröden, und Lappland den Äquinoctial-Pflanzen, den Elephanten und Krokodillen, bewohnbar machen würden, periodisch; oder sind sie Wirkungen vorübergehender Perturbationen unsers Planetar-Systems? Alle diese Untersuchungen knüpfen die Geographie der Pflanzen an die Geognosie an. Lichtver-breitend über die Urgeschichte der Erde, bietet sie der

Phantasie des Menschen ein weites und fast noch unbear-
beitetes Feld dar.

Die Pflanzen, welche den Thieren in Hinsicht auf Reitz-
empfänglichkeit der Organe und auf die Natur reitzender
Potenzen so nahe verwandt sind, unterscheiden sich von
den Thieren wesentlich durch die Epoche ihrer Wanderungen. Diese, wenig beweglich in der frühern Kindheit,
verlassen ihre Heimath erst wenn sie herangewachsen sind:
jene, an den Boden gewurzelt nach ihrer Entwickelung,
stellen ihre Reisen noch im Samenkorne, gleichsam im Eye,
an, welches durch Federkronen, Luftbälge, Flügelansätze und
elastische Ketten (*Elater* oder *Catenula* der Morchantien),
zu Luft- und Wasser-Reisen geschickt ist. Herbstwinde,
Meeresströme und Vögel begünstigen diese Wanderungen;
aber ihr Einfluss, so grofs er auch ist, verschwindet gegen
den, welchen der Mensch auf die Verbreitung der Gewächse
auf dem Erdboden ausübt.

Wenn der Nomade, sey es durch die nachziehende Menge
an einen Meeresarm gedrängt, sey es durch andere unübersteigliche Natur-Hindernisse gezwungen, endlich sein irrendes
Leben aufgibt: so beginnt er sogleich einige zur Nahrung und
Kleidung nützliche Thiere und Pflanzen um sich zu versam-
meln. Diefs sind die ersten Spuren des Ackerbaues. Langsam
ist bey den nördlichen Völkern dieser Übergang aus dem
Jägerleben zum Pflanzenbaue : früher ist die Ansiedelung
bey vielen Bewohnern der Tropenländer. In jener waldrei-
chen Flufswelt, zwischen dem Orinoco und dem Marañon,
hindert der üppige Pflanzenwuchs den Wilden sich aus-

schliefslich von der Jagd zu nähren. Die Tiefe und Schnel-
ligkeit der Ströme, Überschwemmungen, Blutgier der
Krokodille und Tiegerschlangen (*Boa*), machen den Fisch-
fang oft eben so fruchtlos als beschwerlich. Die Natur
zwingt hier den Menschen zum Pflanzenbaue. Nothgedrungen
versammelt er einige Pisangstämme, *Carica papaya, Jatropha*
und nährendes *Arum* um seine Hütte. Dieser Acker, wenn
man so die Vereinigung weniger Gewächse nennen darf,
ersetzt dem Indianer viele Monathe lang, was Jagd, Fisch-
fang und die wildwachsenden Fruchtbäume des Waldes
ihm versagen. So modificiren Klima und Boden, mehr noch
als Abstammung, die Lage und die Sitten des Wilden. Sie
bestimmen den Unterschied zwischen den beduinischen
Hirtenvölkern und den Pelasgern der altgriechischen Eichen-
wälder, zwischen diesen und den jagdliebenden Nomaden
am Mississipi.

Einige Pflanzen, welche der Gegenstand des Garten- und
Ackerbaues sind, haben seit den fernsten Jahrhunderten
das wandernde Menschengeschlecht von einem Erdstriche
zu dem andern begleitet. So folgte in Europa die Weinrebe
den Griechen, das Korn den Römern, Baumwolle den
Arabern. Im neuen Kontinente haben die Tulteker, aus
unbekannten nordischen Ländern über den Gilastrom ein-
brechend, den Maïs über Mexico und die südlichen Gegenden verbreitet. Kartoffeln und Quinoa findet man überall
wo die Gebirgsbewohner des alten Kondinamarca[1] durch-

[1] Das Königreich Neu-Granada.

gezogen sind. Die Wanderungen dieser eſsbaren Pflanzen
sind gewiſs; aber ihr erstes und ursprüngliches Vaterland
bleibt uns ein eben so räthselhaftes Problem, als das Vaterland der verschiedenen Menschen-Racen, die wir schon in
den frühesten Epochen, zu welchen Völkersagen aufsteigen,
fast über den ganzen Erdboden verbreitet finden. Südlich
und östlich vom kaspischen Meere, am Ufer des Oxus
und in den Thälern von Kurdistan, dessen Berge mit ewigem Schnee bedeckt sind, findet man ganze Gebüsche von
Citronen-, Granat-, Birnen- und Kirschbäumen. Alle Obst-
arten, welche unsere Gärten zieren, scheinen dort wild zu
wachsen. Ich sage *scheinen;* denn ob dieſs ihr ursprüngliches Vaterland sey, oder ob sie dort einst gepflegt, nachmals verwildert sind, bleibt um so ungewisser, als uralt
die Kultur des Menschengeschlechts, und daher auch der
Gartenbau, in diesen Gegenden ist.

Doch lehrt die Geschichte wenigstens, daſs jene fruchtbaren Gefilde zwischen dem Euphrat und Indus, zwischen
dem kaspischen See und dem persischen Meerbusen, Europa
die kostbarsten vegetabilischen Produkte geliefert haben.
Persien hat uns den Nuſsbaum und die Pfirsiche; Armenien
(das heutige Haikia), die Aprikose; Klein-Asien, den süſsen
Kirschbaum und die Kastanie; Syrien, die Feige, die Gra-
nate, den Öhl- und Maulbeerbaum geschenkt. Zu Cato's
Zeiten kannten die Römer weder süſse Kirschen, noch
Pfirsiche, noch Maulbeerbäume. Hesiod und Homer er-
wähnen schon des Öhlbaums, der in Griechenland und auf
den Inseln des Ägäischen Meeres kultivirt wurde. Unter

Tarquin dem Alten existirte kein Stamm desselben, weder in Italien, noch in Spanien, noch in Afrika. Unter dem Consulate des Appius Claudius war das Öhl in Rom noch sehr theuer; aber zu Plinius Zeiten sehen wir den Öhlbaum schon nach Frankreich und Spanien verpflanzt.

Die Weinrebe, welche wir jetzt kultiviren, scheinet Europa fremd zu seyn. Sie wächst wild an den Küsten des kaspischen Meeres, in Armenien und Karamanien. Von Asien wanderte sie nach Griechenland, von Griechenland nach Sicilien. Phocäer brachten den Weinstock nach dem südlichen Frankreich, Römer pflanzten ihn an die Ufer des Rheins und der Donau. Auch die Vitis-Arten, welche man wild in Neu-Mexico und Canada findet, und welche dem zuerst von Normännern entdeckten Theile von Amerika den Namen Wineland verschafften, sind von der jetzt über Pensylvanien, Mexico, Peru und Chili verbreiteten *Vitis vinifera* specifisch verschieden.

Ein Kirschbaum, mit reifen Früchten beladen, schmückte den Triumph des Lucullus. Die Bewohner Italiens sahen damals zuerst dieses asiatische Produkt, welches der Dictator nach seinem Siege über den Mithridates aus dem Pontus mitbrachte. Schon ein Jahrhundert später waren Kirschen gemein in Frankreich, in England und Deutschland.[1]

So verändert der Mensch nach Willkühr die ursprüngliche Vertheilung der Gewächse, und versammelt um sich die

---

[1] Einige Botaniker behaupten, dafs die kleine Varietät von *Prunus avium* in Deutschland wild sey. Von Pflaumen und Birnen haben die Römer nur die gröfseren schöneren Abarten aus Syrien eingeführt.

Erzeugnisse der entlegensten Klimate. In Ost-und West-
Indien, in den Pflanzungen der Europäer, bietet ein enger
Raum den Kaffee aus Yemen, das Zuckerrohr aus China,
den Indigo aus Afrika, und viele andere Gewächse dar,
welche beyden Hemisphären zugehören : ein Anblick, der
um so interessanter ist, als er in die Phantasie des Beobachters das Andenken an eine wunderbare Verkettung von
Begebenheiten hervorruft, welche das Menschengeschlecht
über Meer und Land, durch alle Theile der Erde getrieben
haben.   Wenn aber auch der rastlose Fleifs ackerbauender Völker
eine Zahl nutzbarer Pflanzen ihrem vaterländischen Boden
entrissen, und sie gezwungen hat, alle Klimate und alle
Berghöhen zu bewohnen : so ist durch diese lange Knecht-
schaft ihre ursprüngliche Gestalt doch nicht merklich verändert worden.   Die Kartoffel, welche in Chili drey
tausend und fünf hundert Meter (fast 11,000 Schuh) hoch
über dem Meere kultivirt wird, trägt dieselbe Blüthe, als
die, welche man in die Ebenen von Sibirien verpflanzt hat.
Die Gerste, welche die Pferde des Atriden nährte, war
unbezweifelt dieselbe, als die, welche wir heute noch ein-
ernten.   Alle Pflanzen und Thiere, welche gegenwärtig den
Erdboden bewohnen, scheinen seit vielen Jahrtausenden
ihre charakteristische Form nicht verändert zu haben. Der
Ibis, welchen man unter Schlangen- und Insekten-Mumien
in den ägyptischen Katakomben findet, und dessen Alter
vielleicht selbst über das der Pyramiden hinausreicht; dieser
Ibis ist identisch mit dem, welcher gegenwärtig an dem

sumpfigen Ufer des Nils fischt.[1] Diese Uebereinstimmungen,
diese Beständigkeit der Form, beweisen, dafs die kolossalischen Thiergerippe und die wunderbar gestalteten Pflanzen,
welche das Innere der Erde einschliefst, nicht einer Ausartung jetzt vorhandener Species zuzuschreiben sind, sondern
dafs sie vielmehr einen Zustand unsers Planeten ahnden
lassen, welcher von der jetzigen Anordnung der Dinge verschieden, und zu alt ist, als dafs die Sagen des vielleicht
später entstandenen Menschengeschlechts bis. zu ihm aufsteigen könnten.

Indem der Ackerbau die Herrschaft fremder eingewan-
derter Pflanzen über die einheimischen begründet, werden
diese nach und nach auf einen engen Raum zusammen gedrängt. So macht die Kultur den Anblick des europäischen
Bodens einförmig, und diese Einförmigkeit ist den Wünschen des Landschaftmalers, wie denen des im Freyen
forschenden Botanikers, gleich entgegen. Zum Glücke für
beyde ist aber diefs scheinbare Übel nur auf einen kleinen
Theil der gemäfsigten Zone eingeschränkt, in welchem Volks-
menge und moralische Bildung der Menschen am meisten
zugenommen haben. In der Tropenwelt ist menschliche
Kraft zu schwach, um eine Vegetation zu besiegen, welche
den Boden unserm Auge entzieht, und nichts unbedeckt
läfst, als den Ocean und die Flüsse.

Die ursprüngliche Heimath derjenigen Gewächse, welche
das Menschengeschlecht seit seiner frühesten Kindheit zu

---

[1] Beyde findet man in dem Museum der Naturgeschichte zu Paris neben
einander aufgestellt.

begleiten scheinen, ist in eben solches Dunkel vergraben, als das Vaterland der meisten Hausthiere. Wir wissen nicht, woher jene Grasarten kamen, auf deren mehlreichen Samen hauptsächlich die Nahrung aller kaukasischen und mongolischen Völker beruht. Wir kennen nicht die Heimath der Cerealien, des Weitzens, der Gerste, des Hafers und des Rockens. Diese letztere Grasart scheint noch nicht einmal von den Römern kultivirt worden zu seyn. Zwar suchen altgriechische Mythen den Ursprung des Weitzens in den Fluren von Enna in Sicilien ; zwar haben Reisende behauptet, die Gerste in Nordasien, am Ufer des Samara[1], der in die Wolga fliefst, den Spelz in Persien[2] bey Hamadan, und den Rocken in Kreta, wildwachsend entdeckt zu haben: aber diese Thatsachen bedürfen einer genauern Untersuchung; es ist so leicht einheimische Pflanzen mit fremden zu verwechseln, die, der Pflege und Herrschaft des Menschen entflohen, verwildernd ihre alte Freyheit in den Wäldern wieder finden. Auch die Gewächse, auf welchen der Reichthum aller Bewohner der heifsen Zone beruht, Pisang, Melonenbäume, Cocospalmen, Jatropha und Maïs, hat man noch nirgends ursprünglich wildwachsend beobachtet. Freylich habe ich mehrere Stämme der ersteren, fern von menschlichen Wohnungen, mitten in den Wäldern am Cassiquiare und Tuamini gesehen : vielleicht aber hat sie doch die Hand

---

[1] Im Asiatischen Kaptschak, im Lande Orenburg.

[2] Auf einem Berge, vier Tagereisen von Hamadan, fand Michaux wilden Spelz. Er vermuthete, dafs *Triticum hybernum* und *Triticum æstivum* in Persien einst ebenfalls wildwachsend entdeckt werden würden.

des Menschen dahin versetzt; denn der Wilde dieser Regionen, düster, ernst und mifstrauischen Gemüths, wählt abgelegene Schluchten, um seine kleinen Pflanzungen anzulegen, Pflanzungen, die er, wechselliebend nach kindischer Art, bald wieder verläfst und mit anderen umtauscht. Die verwilderten Pisangstämme und die Melonenbäume[1] scheinen dann bald Erzeugnisse des Bodens, auf dem sie sich mit einheimischen Gewächsen zusammengesellen. Eben so wenig habe ich je erfahren können, wo im neuen Kontinente die Kartoffel wild wachse: diese wohlthätige Pflanze, auf deren Kultur sich grofsentheils die Bevölkerung des unfruchtbaren nördlichen Europa gründet, hat man nirgends in unkultivirtem Zustande gefunden, weder in Nordamerika, noch in der Andeskette von Neu-Granada, Quito, Peru, Chili und Chiquitos; ungeachtet die Spanier mehreren Gebirgsebenen den täuschenden Namen, *Paramo de las Papas*, geben.

Durch diese und ähnliche Untersuchungen verbreitet die Geographie der Pflanzen Licht über den Ursprung des Ackerbaues, dessen Objekte so verschieden sind als die Abstammung der Völker, als ihr Kunstfleifs, und das Klima, unter welchem sie wohnen. In das Gebiet dieser Wissenschaft gehören Betrachtungen über den Einflufs einer mehr oder weniger reitzenden Nahrung auf die Energie des Charakters, Betrachtungen über lange Seefahrten und Kriege, durch welche ferne Nationen vegetabilische Produkte sich zu ver-

---

[1] Ich meyne *Carica papaya;* denn *Carica posoposa* glaube ich oft ursprünglich wild gesehen zu haben.

schaffen oder zu verbreiten suchen. So greifen die Pflanzen gleichsam in die moralische und politische Geschichte des Menschen ein : denn wenn Geschichte der Naturobjekte freylich nur als Naturbeschreibung gedacht werden kann ; so nehmen dagegen, nach dem Ausspruche eines tiefsinnigen Denkers [1], selbst Naturveränderungen einen ächt historischen Charakter an, wenn sie Einflufs auf menschliche Begebenheiten haben.

Alle diese Verhältnisse sind unstreitig für sich schon hinlänglich, um den weiten Umfang der Disciplin zu schildern, welche wir mit dem nicht ganz passenden Namen einer *Pflanzen-Geographie* belegen. Aber der Mensch, der Gefühl für die Schönheit der Natur hat, freuet sich darinn zugleich auch die Lösung mancher moralischen und ästhetischen Probleme zu finden. Welchen Einflufs hat die Vertheilung der Pflanzen auf dem Erdboden, und der Anblick derselben auf die Phantasie und den Kunstsinn der Völker gehabt ? worinn besteht der Charakter der Vegetation dieses oder jenes Landes ? wodurch wird der Eindruck heiterer oder ernster Stimmung modificirt, welche die Pflanzenwelt in dem Beobachter erregt ? Diese Untersuchungen sind um so interessanter, als sie unmittelbar mit den geheimnifsvollen Mitteln zusammenhängen, durch welche Landschaftmalerey und zum Theil selbst beschreibende Dichtkunst, ihre Wirkung hervorbringen.

Die Natur im Grofsen betrachtet, der Anblick von Fluren

---

[1] Schelling's *System des transcendentalen Idealismus*, S. 413.

und Waldung, gewährt einen Genufs, welcher wesentlich
von dem verschieden ist, welchen die Zergliederung eines
organischen Körpers und das Studium seiner bewunderns-
würdigsten Struktur erzeugt. Hier reitzt das Einzelne die
Wifsbegierde, dort wirken Massen auf die Phantasie. Wie
andere Gefühle erweckt das frische Grün der Wiesen, und
der dunkle Schatten der Tannen ? Wie andere die Wälder
der gemäfsigten Zone und die der Tropenländer, in welchen
die schlanken Stämme der Palmen hoch über dem dick-
belaubten Gipfel der Hymenäen gleichsam einen Säulengang
bilden ? Ist die Verschiedenheit dieser Gefühle in der Natur
und Gröfse der Massen, in der absoluten Schönheit oder
in dem Kontraste und der Gruppirung der Pflanzenformen
gegründet ? Worinn liegt der malerische Vorzug der Tropenvegetation ? Welche physionomischen Unterschiede beobachtet man zwischen den afrikanischen Gewächsen und
denen von Südamerika, zwischen den Alpenpflanzen der
Andeskette und denen der Pyrenäen oder der Gebirge von
Habesh ?

Unter der fast zahllosen Menge von Vegetabilien, welche
die Erde bedecken, erkennt man bey aufmerksamer Beobachtung einige wenige Grundgestalten, auf welche man
wahrscheinlich alle übrigen zurückführen kann, und welche
eben so viele Familien oder Gruppen bilden. Ich begnüge
mich hier siebzehn derselben zu nennen, deren Studium
dem Landschaftsmaler besonders wichtig seyn mufs.

1. *Bananenform:* Pisanggewächse, *Musa, Heliconia, Stre-
litzia.* Ein fleischiger, hoher, krautartiger Stamm, aus zarten,

4

silberweifsen, oft schwarzgeflammten Lamellen gebildet. Breite, zarte, seidenartig glänzende, quergestreifte, fast lilien- artige Blätter, von denen die jüngeren, gelblichgrün und eingerollt, senkrecht emporwachsen, indem die älteren, vom Winde zerrissen, mit den Spitzen, wie die Krone der Palmen, abwärts gebeugt sind. Goldgelbe länglichte Früchte, traubenartig zusammengehäuft.

2. *Palmenform.* Ein hoher, ungetheilter, geringelter und gegen die Mitte oft bauchiger und stachliger Schaft, auf dem sich eine Krone von gefiederten oder fächerarti- gen Blättern majestätisch erhebt. Am Ende des Stammes meist zweyklappige Blumenscheiden, aus welchen die Rispe ausbricht.

3. *Form der baumartigen Farrenkräuter.* Den Palmen ähnlich, aber der Schaft minder hoch und schlank, schwarz- rissig, mit zarten und schiefgestreiften, hellgrünen, am Rande zierlich gekerbten, fast kohlartigen Blättern. Keine Blumenscheiden.

4. *Aloe-Form: Agave,* Aloe, *Yucca,* einige Euphorben, *Pourretia.* Steife, oft bläulichgrüne, glatte, stechendspitzige Blätter. Hohe Blüthen. Stängel, die aus der Mitte entsprin- gen und sich bisweilen kandelaberartig theilen. Einige Arten erheben die strahlige Krone auf nackten, geringelten, oft schlangenartig gewundenen Stämmen.

5. *Pothosform: Arum, Pothos, Dracontium.* Glänzende, grofse, oft spiefs- und pfeilförmige, durchlöcherte Blätter. Lange, hellgrüne, saftige, meist rankende Stängel. Dicke, läng- liche Blumen. Kolben, aus weifslichen Scheiden ausbrechend.

6. *Form der Nadelhölzer:* alle *Folia acerosa, Pinus, Taxus, Cupressus,* einige Proteen, selbst Banksien, Erica-Arten und die (durch angeerbte Monstrosität?) ungefiederten neu - holländischen Mimosen grenzen an die Pinusform. Die Krone, bald pyramidal, wie Lerchenbäume und Cypressen, bald schirm-, fast palmartig sich ausbreitend, wie *Pinus pinea.*

7. *Form der Orchideen : Epidendrum, Serapias, Orchis.* Einfache, fleischige, hellgrüne Blätter, mit buntfarbigen, wunderbar gestalteten Blüthen, oft parasitisch; die gröfste Zierde der Tropenvegetation.

8. *Mimosenform : Mimosa, Gleditschia, Tamarindus, Porlieria.* Alle fein gefiederte Blätter, zwischen welchen die Bläue des Himmels angenehm durchschimmert. Weitschattige Kronen, oft schirmartig gedrückt.

9. *Malvenform : Sterculia, Hibiscus, Ochroma, Cavanilesia (Flor. Per.).* Dickstämmige Bäume mit grofsen, weichen, meist lappigen Blättern (*foliis lobatis*) und prachtvollen Säulenblumen (*Columniferæ* des Linne).

10. *Rebenform: Lianen, Vitis, Paullinia, Clematis, Mutisia.* Rankende Gewächse mit rissigen holzigen Stämmen und vielfach zusammengesetzten Blättern. Die Blüthen meist in Doldentrauben und Rispen.

11. *Lilienform: Pancratium, Fritillaria, Iris.* Stammlose Gewächse mit langen, einfachen, hellgrünen, zartgestreiften, oft schwertförmigen und zweyzeiligen, aufrecht stehenden Blättern, und mit zarten, prachtvollen Blüthen, bald in Scheiden (*Spathaceæ* des Linne), bald ohne Scheiden (*Coronariæ* des Linne).

12. *Cactusform :* die *Cerei.* Vielkantige, fleischige, blattlose, oft gestachelte, säulenförmig ansteigende, theils kron-
leuchterartig getheilte Gewächse, mit schöngefärbten aus der
fast unbelebt scheinenden Masse ausbrechenden Blumen.

13. *Casuarinenform : Casuarina , Equisetum.* Blattlose
Gewächse, vom einfachsten äufsern Baue, mit weichen,
dünnen, gegliederten, in der Länge gestreiften Stängeln.

14. *Gras- und Schilf- Form.*

15. *Form der Laubmoose.*

16. *Form der Blätterflechten.*

17. *Form der Hutschwämme.*

Diese physionomischen Abtheilungen weichen oft von
denen ab, welche die Botaniker in ihren so genannten natürlichen Systemen aufstellen. Bey jenen kommt es allein
auf grofse Umrisse, auf das an, was den Charakter der
Vegetation, und folglich den Eindruck bestimmt, den der
Anblick der Gewächse und ihre Gruppirung auf das
Gemüth des Beobachters macht. Die eigentlich botanischen
Klassificationen gründen sich dagegen auf die kleinsten,
dem gemeinen Sinne gar nicht auffallenden, aber bestän-
digsten und wichtigsten Theile der Befruchtung. Es wäre
gewifs ein treffliches, eines gebildeten Künstlers würdiges
Unternehmen, die Physionomien jener Pflanzengruppen,
für deren Beschreibung es selbst den reichsten Sprachen
an Ausdrücken fehlt, nicht in Büchern oder Treibhäusern,
sondern in der Natur selbst, in ihrem Vaterlande zu studiren, und sie treu und lebendig darzustellen. Hohe Palmen,
welche die mächtigen, federartig gekräuselten Blätter über

ein Gebüsch von Heliconien und Pisanggewächsen schwingen; dornige, schlangenartig aufgerichtete Cactusstämme, mitten unter blühenden Liliengewächsen; ein baumartiges Farren-kraut von mexicanischen Eichen umgeben : welche malerische Gegenstände für den Pinsel eines gefühlvollen Künstlers !

Auf der Schönheit der einzelnen Formen, auf dem Ein-klange oder dem Kontraste, welcher aus ihrer natürlichen Gruppirung entsteht, auf der Größe der organischen Massen und der Intensität des Grünes beruht der Vegetations-Charakter einer Zone. Viele Gestalten, und gerade die schönsten, die der Palmen, der Bananengewächse und der baumartigen Farrenkräuter und Gräser, fehlen gänzlich den nördlicheren Erdstrichen. Andere, zum Beyspiele die der gefiederten Blätter, sind darinn sehr selten und minder zart. Die Zahl der baumartigen Pflanzen ist darinn geringer, ihre Krone minder hoch und belaubt, seltener mit großen pracht-vollen Blüthen geziert, als in den Tropenländern. In diesen allein hat die gestaltende Natur sich ergötzt, alle Pflanzenfor-men zu vereinigen. Selbst die der Nadelhölzer, welche auf den ersten Anblick zu fehlen scheinen, finden sich nicht bloß auf dem hohen Rücken der Andes, sondern selbst in den wärmeren Thälern von Xalapa, und hier und da[1] bey Loxa.

[1] Tannen, Cypressen und *Juniperus* sind drey Geschlechter, die sich in Menge in der nördlichen Tropenzone, z. B. in Neu-Spanien, finden. Dagegen scheinen sie in der südlichen, wenn gleich auf dem Gebirge eben so kalten, Tropenzone, sehr selten. In der hohen Andeskette von Santa-Fe, Popayan und Quito, habe ich kein anderes Nadelholz, als ein Paar Stämme einer Cupressusart, in den Wäldern von Quindiu und bey Loxa, gefunden.

Die Physionomie der Vegetation hat unter dem Äquator im Ganzen mehr Gröfse, Majestät und Mannichfaltigkeit, als in der gemäfsigten Zone. Der Wachsglanz der Blätter[1] ist dort schöner, das Gewebe des Parenchyma lockerer, zarter und saftvoller. Kolossalische Bäume prangen dort ewig mit gröfseren, vielfarbigeren, duftenderen Blumen, als bey uns niedrige, krautartige Stauden. Alte durch Licht verkohlte Stämme sind mit dem frischen Laube der Paullinien, mit Pothos und mit Orchideen gekränzt, deren Blüthe oft die Gestalt[2] und das Gefieder der Colibri nachahmt, welchen sie den Honig darbietet.

Dagegen entbehren die Tropen fast ganz das zarte Grün der weiten Grasfluren und Wiesen. Ihre Bewohner kennen nicht das wohlthätige Gefühl des im Frühlinge wieder erwachenden, sich schnell entwickelnden Pflanzenlebens. Die sorgsame Natur hat jedem Erdstriche eigene Vorzüge verliehen. Die vegetabilische Fiber, bald dichter, bald lockerer gewebt; Gefäfse, ausgedehnt und von Saft strotzend, oder früh verengt und zu knorriger Holzmasse erhärtend, gröfsere oder geringere Intensität der Farbe, nach Mafsgabe des Desoxidations-Prozesses, welchen der reizende Lichtstrahl erregt : diese und ähnliche Verhältnisse bestimmen den Charakter der Vegetation in jeder Zone.

Die grofse Höhe, zu welcher der Boden sich über der

---

[1] Ein recht eigentlicher Wachsglanz, da dieses Wachs von Proust in Madrid chemisch ausgeschieden worden ist.

[2] Die Indianer nehmen von dieser vogelähnlichen Gestalt der *Epidendra* oft die specifischen Namen her.

Wolkenregion unter dem Äquator erhebt, gewährt den Ein-
wohnern dieser Gegend das sonderbare Schauspiel, dafs sie
aufser den Bananengewächsen und Palmen auch von Pflanzenformen umgeben sind, welche man oft den europäischen
und nordasiat:schen Klimaten eigen glaubt. Die heifsen
Thäler der Andeskette sind mit Heliconien und feinblättri-
gen Mimosen geschmückt. Höher herauf wachsen baumartige Farrenkräuter, und die Pflanze, deren Rinde das
wohlthätigste Heilmittel gegen das Fieber enthält. In dieser
milden Region der *Cinchona* und weiter aufwärts, erheben
sich Eichen, Tannen, Cypressen, Berberis, Brombeersträu-
che, Ellern, und eine Menge von Gewächsen, denen wir
eine nordische Physionomie zuzuschreiben gewohnt sind.
So geniefset der Tropenbewohner den Anblick aller Pflanzenformen. Die Erde offenbaret ihm auf ein Mal alle ihre
vielfachen Bildungen, wie die gestirnte Himmelsdecke von
Pole zu Pole ihm keine ihrer leuchtenden Welten verbirgt.

Die Völker Europens geniefsen diesen Vorzug nicht. Viele
Pflanzenformen bleiben ihnen auf immer unbekannt. Die
krankenden Gewächse, welche Luxus oder Wifsbegierde
in unsere Treibhäuser einzwängt, erinnern uns nur an das,
was wir entbehren : sie bieten ein verzerrtes, unvollkom-
menes Bild von der Pracht der Tropenvegetation dar. Aber
in dem Reichthume und der Kultur der Sprache, in der
regen Phantasie der Dichter und Maler, finden die Europäer
einen befriedigenden Ersatz. Der Zauber nachahmender
Künste versetzt sie in die fernsten Theile der Erde. Wessen
Gefühl regsam für diesen Zauber, wessen Geist gebildet

genug ist, um die Natur in allen ihren Thätigkeiten zu
umfassen, der schafft sich in der Einsamkeit einer öden
Heide gleichsam eine innere Welt : er eignet sich zu, was
die Kühnheit des Naturforschers, Meer und Luft durch-
schiffend, auf dem Gipfel beeister Berge oder im Innern
unterirdischer Höhlen, entdeckt hat. Hier sind wir auf den
Punkt gelangt, wo Kultur der Völker und Wissenschaft
am unbestrittensten auf das individuelle Glück einwirken.
Durch sie leben wir zugleich in dem verflossenen und in
dem gegenwärtigen Jahrhunderte. Um uns versammelnd was
menschlicher Fleifs in den fernsten Erdstrichen aufgefunden,
bleiben wir allen gleich nahe. Ja, die Kenntnifs von dem
innern, geheimen Spiele der Naturkräfte, läfst uns bey
vielen selbst Schlüsse für die Zukunft wagen, und die Rück-
kehr grofser Erscheinungen vorher bestimmen. So schafft
Einsicht in den Weltorganismus einen geistigen Genufs,
und eine innere Freyheit, die mitten unter den Schlägen
des Schicksals von keiner äufsern Macht zerstört werden
kann.

NATURGEMÄLDE

DER

TROPENLÄNDER,

Nach Beobachtungen und Messungen, welche
zwischen dem zehnten Grade nördlicher und·
dem zehnten Grade südlicher Breite, in den
Jahren 1799 bis 1803 angestellt worden sind.

~~~~~~~~~~~~~~~~~~~~~~

Wenn man von der Meeresfläche zum Gipfel hoher
Gebirge emporsteigt, so verändert sich nach und nach die
Ansicht des Bodens und die Reihe physikalischer Erscheinungen, welche der Luftkreis darbietet. Die Pflanzen der
Ebene verlieren sich unter Alpengewächse von mannichfaltiger Bildung. Den hohen Waldbäumen folgt niedriges Gebüsch mit knorrigen Ästen; diesem folgen duftende Kräuter,
deren zartwollige Oberfläche mit gegliederten Saugröhren
besetzt ist. Weiter hinauf, in luftdünneren Höhen, wachsen
gesellig die Gräser, und an die einförmige Grasflur stöfst
die Region der kryptogamischen Gewächse. Flechtenarten
liegen hier einsiedlerisch unter ewigem Schnee vergraben,

5

und bezeichnen die obere Grenze der organischen Schöpfung. Mit dem Anblicke der Pflanzendecke verändern sich auch die Gestalten der Thiere. Andere leben in den hochschattigen Wäldern der Ebene, andere in den Grasfluren der Alpen, welche ewig der schmelzende sauerstoffreiche[1] Schnee benetzt. Selbst das Gestein, die unorganische Masse des Erdkörpers, verändert seine Natur, je weiter es sich über die Meeresfläche erhebt. Oft finden sich die späteren Granit bedeckenden Formationen nur bis zu einer gewissen Höhe, und der Gipfel der Gebirge besteht aus demselben Urgestein, auf dem alle andere Gebirgsarten zu ruhen scheinen, wenigstens so tief, als Menschen bisher in das Innere unsers Planeten eingedrungen sind. Oft ist, selbst auf dem hohen Rücken der Cordilleren, der Granit unter neueren Formationen versteckt. Felsen, vier tausend Meter (2053 Toisen) über dem jetzigen Meeresspiegel erhaben, schliefsen eine Welt von pelagischen Muscheln und versteinten Korallen in sich. Basaltkuppen, Perlstein, Obsidiane und groteske, thurmähnliche, Felsen von Porphyrschiefer sind hier und da auf dem Gebirgskamme zerstreut. Ihr Vorkommen legt der Geognosie schwer zu lösende Probleme auf. Aber nicht blofs Pflanzen, Thiere und Gestein, selbst der Luftkreis, das Gemisch gasartiger Flüssigkeiten, welches die Erde einhüllt, und dessen obere Grenze wir nicht kennen; selbst

---

[1] *Sur l'Analyse de l'air atmosphérique, par Humboldt et Gay-Lussac, p.* 34. Die Luft, welche man aus dem Schneewasser durch Kochen entwickelt, ist oxygenreicher als atmosphärische Luft, aber nicht als die Luft des Flufs- und Regenwassers.

der Luftkreis bietet auffallende Verschiedenheiten dar, je
nachdem man sich von der Ebene entfernt. Wärme und
Druck nehmen ab, indem Trockenheit und elektrische
Spannung zunehmen. Die Himmelsbläue wird tiefer und
dunkler, je mehr man sich erhebt. Die Höhe des Standorts modificirt zugleich die Abnahme der Schwere, den
Wärmegrad des kochenden Wassers, die Intensität der
Sonnenstrahlen und ihre Refraction. So unendlich gering
auch, verglichen mit dem Erddurchmesser, der Abstand
ist, um den wir uns von dem Mittelpunkte des Sphäroids
entfernen : so ist diese Entfernung doch schon hinlänglich,
uns gleichsam in eine Schöpfung zu versetzen, und uns
gröfsere Verschiedenheiten in Naturprodukten und Klima
bemerken zu lassen, als ein beträchtlicher Wechsel geogra-
phischer Breite darbieten würde.

Diese Verschiedenheiten sind allerdings allen Zonen eigen,
wo die Natur hohe Gebirgsketten gebildet hat : doch sind
sie minder auffallend in der gemäfsigten Region, als unter
dem Äquator, wo der Rücken der Cordilleren sich fünf
bis sechs tausend Meter (2565 bis 3078 Toisen) über die
Oberfläche des Oceans erhebt, und wo jeder Höhe eine
eigene und unveränderliche Temperatur zugehört. Zwar
finden sich in der Nähe des Nordpols Berge, welche den
Kolossen des Königreiches Quito wenig nachgeben, und
deren Existenz auf den ersten Blick der Meynung ungünstig
scheint, als habe die Rotation unsers Planeten auf die An-
häufung der Gebirgsmassen unter den Tropen gewirkt. Der
Elias - Berg auf der Nordwest-Küste von Nord - Amerika,

unter 60° 21′ nördlicher Breite, erhebt sich zu einer Höhe[1] von fünf tausend vier hundert ein und vierzig Metern (2792 Toisen); der Pico de Buen Tiempo erreicht ebendaselbst die Höhe von vier tausend vier hundert neun und achtzig Metern (2304 Toisen). In unserer mittlern Breite von fünf und vierzig Graden hat der Mont - Blanc vier tausend sieben hundert vier und fünfzig Meter (2440 Toisen), und ich glaube, man darf ihn als den höchsten Gipfel des alten Kontinentes betrachten, so lange als die Berge von Pue - Koachim[2] (das heifst das nördliche Schneeland, Tibet) und die nordwestlichen Gebirge von China, welche, der Sage nach, höher als der Chimborazo sind, ungemessen bleiben.

Aber unter fünf und vierzig und sieben und vierzig Graden nördlicher Breite in der gemäfsigten Zone senkt sich die untere Grenze des ewigen Schnees, welche zugleich auch fast die Grenze alles organischen Lebens ist, bis zwey tausend fünf hundert und dreyfsig Meter (1300 Toisen) herab. Um die Fülle verschiedenartiger Thier- und Pflanzenformen zu entwickeln, um die Mannichfaltigkeit meteorologischer Erscheinungen hervorzubringen, bleibt demnach der Natur auf dem Abhange der Gebirge in unserm mildern Erdstriche kaum die Hälfte des Raumes, welchen ihr die Tropen darbieten, wo in den Cordilleren die Vege-

---

[1] Relacion del Viaje hecho por las Golettas Sutil y Mexicana en el A. 1792, para reconocer el Estrecho de Fuca (por D.ⁿ Dionisio Galeano y D.ⁿ Cayetano Valdes), p. 122.

[2] Samuel Turner's *Gesandschaftsreise nach Bootan*, *S.* 300.

tation erst in einer Höhe von vier tausend sieben hundert
und neunzig Metern (2460 Toisen) aufhört. In den Gebirgen der nördlichen Himmelsstriche erhöht im Sommer die
Schiefe der auffallenden Sonnenstrahlen und die ungleiche
Dauer der Tage so sehr die Temperatur des Luftkreises,
dafs der Unterschied der Wärme in der Ebene und in
fünfzehn hundert Meter (750 Toisen) Höhe oft fast ganz
unbemerkbar wird : defshalb finden sich viele Pflanzen,
welche am Fufse unserer Alpen wachsen, auch auf den
hohen Gipfeln derselben. Die kalten Herbstnächte zerstören
nicht ihre Organisation. Derselben Erniedrigung der Temperatur würden diese Gewächse einige Monathe später auch
in der Ebene ausgesetzt seyn. Einige Gebirgspflanzen der
Pyrenäen und der südspanischen Schneekette (*Sierra nevada
de Grenada*) wandern tief in die Thäler herab. Sie finden
dort eine Wärme, welche sie bisweilen auch, wenn gleich
auf kürzere Zeit, in höheren Standpunkten erfahren hätten.

Unter den Wendekreisen dagegen, in einer senkrechten
Höhe von vier tausend und acht hundert Metern (2400 Toisen) auf dem weiten Berggeländer, welches von den Pal-
men- und Pisanggebüschen der meeresgleichen Ebene bis
zum ewigen Schnee ansteigt, folgen die verschiedenen Klimate, gleichsam schichtenweise über einander gelagert. In
jeglicher Höhe erleidet die Luftwärme das ganze Jahr hindurch nur unbedeutende Veränderungen. Das Gewicht der
Atmosphäre, ihre elektrische Ladung, ihre Feuchtigkeit,
alles ist regelmäfsigen, periodischen Veränderungen unterworfen, deren unwandelbare Gesetze um so leichter zu

entdecken sind, als die Erscheinungen unverwickelter, minder in Perturbationen versteckt sind. Aus diesem Zustande
der Dinge folgt, dafs unter den Tropen jeder Höhe eigene
Bedingnisse zugehören, und dafs diese Bedingnisse eine so
grofse Verschiedenheit organischer Formen begründen, dafs
in der peruanischen Andeskette ein Gebirgsabhang von tausend Metern (5oo Klaftern) mehr Mannichfaltigkeit in Na-
turerzeugnissen darbietet, als eine vierfach gröfsere Fläche
in der gemäfsigten Zone.

Ich habe es gewagt, ein physikalisches Gemälde der Äqui-
noctialländer zu entwerfen. Ich habe versucht, alle Erschei-
nungen zusammenzustellen, welche der Boden und der
Luftkreis, von den Küsten des stillen Meeres an bis zum
Gipfel der Cordilleren, dem Beobachter darstellt. Dasselbe
Gemälde umfafst

Vegetation;

Thiere;

Geognostische Verhältnisse;

Ackerbau;

Luftwärme;

Grenzen des ewigen Schnees;

Elektrische Tension der Atmosphäre;

Abnahme der Gravitation;

Dichtigkeit der Luft;

Intensität der Himmelsbläue;

Schwächung des Lichts beym Durchgange durch die
　　Luftschichten;

Strahlenbrechung am Horizonte und Siedhitze des

Wassers in verschiedenen Höhen über der Meeresfläche.

Um die Erscheinungen der Tropenländer leichter mit
denen der gemäfsigten Zone zu vergleichen, sind noch andere Verhältnisse, zum Beyspiel,

>   Berghöhen in verschiedenen Weltgegenden, nebst den
>   Entfernungen, in welchen sie ohne irdische Strah-
>   lenbrechung sichtbar seyn würden,

hinzugefügt worden.

Dieses Naturgemälde berührt demnach gleichsam alle Erscheinungen, mit denen ich mich fünf Jahre lang während
meiner Expedition nach den Tropenländern beschäftigt habe.
Es enthält die Hauptresultate der Arbeiten, welche ich in
den folgenden Bänden näher entwickeln werde. Eine solche
Schilderung der Natur heifser Klimate schien mir nicht blofs
an sich selbst interessant für den empyrischen Physiker;
sondern ich schmeichelte mir auch, dafs sie besonders lehr-
reich und fruchtbar durch die Ideen werden würde, die sie
in dem Geiste derer erregen könnte, welche Sinn für allgemeine Naturlehre haben und dem Zusammenwirken der
Kräfte nachspüren. In der grofsen Verkettung von Ursachen
und Wirkungen darf kein Stoff, keine Thätigkeit isolirt
betrachtet werden. Das Gleichgewicht, welches mitten
unter den Perturbationen scheinbar streitender Elemente
herrscht, diefs Gleichgewicht geht aus dem freyen Spiel dy-
namischer Kräfte hervor; und ein vollständiger Überblick
der Natur, der letzte Zweck alles physikalischen Studiums,
kann nur dadurch erreicht werden, dafs keine Kraft, keine

Formbildung vernachläfsigt, und dadurch der *Philosophie
der Natur* ein weites, fruchtversprechendes Feld vorbereitet wird. Wenn ich einer Seits hoffte, dafs mein Naturgemälde
neue und unerwartete Ideen in denen erzeugen könnte,
welche die Mühe nicht scheuen eine Zusammenstellung zahl-
reicher Thatsachen zu studiren : so glaubte ich andrer Seits
auch, dafs mein Entwurf fähig wäre die Einbildungskraft
zu beschäftigen, und derselben einen Theil des Genusses
zu verschaffen, welcher aus der Beschauung einer so wun-
dervollen, grofsen, oft furchtbaren und doch stets wohlthätigen Natur entspringt. Diese Fülle organischer Gestalten,
auf dem schroffen Abhange des Gebirges familienweise vertheilt; dieser Übergang vom üppigen Wuchs der Palmenwäl-
der und der von Saft strotzenden Heliconien zur dürftigen
Vegetation der ewigbeschneiten Grasflur; diese Pflanzen
und Thiergestalten durch das Klima jeder Berghöhe und
den Luftdruck bestimmt; diese glänzende Schneedecke,
welche dem Organismus unübersteigbare Grenzen setzt,
aber diese Grenzen unter dem Äquator zwey tausend zwey
hundert Meter (1100 Toisen) höher hinaufschiebt als in
unsrer gemäfsigten Zone; das unterirdische Feuer, durch
unbekannte Kräfte und Stoffe ernährt, bald in niedrigen
Hügeln ausbrechend wie im Vesuv, bald in fünffach höheren Vulkanen wie im kegelförmigen Gipfel des Cotopaxi;
diese Meeresmuscheln, welche der Bergbewohner auf isolirten Klippen viele tausend Meter über der Meeresfläche
anstaunt, und welche ihn an die frühesten Katastrophen

der Vorwelt erinnern; diese einsamen Luftregionen endlich, zu welchen kühner Muth und edle Wifsbegierde den
Aeronauten[1] leitet : alle diese Gegenstände, in ein Naturgemälde vereinigt, sind gewifs fähig die Phantasie auf das
vielfachste zu beschäftigen, und in ihr neue und lebendige
Bildungen zu gestalten. Auf diese Weise behandelt, könnte
eine Schilderung der Tropen-Natur Wifsbegierde und Einbildungskraft zugleich nähren, und zum Studium der Physik
selbst diejenigen anreitzen, welchen bisher diese reiche
Quelle des intellectuellen Genusses verschlossen geblieben ist.

Indem ich diese Ideen entwickle, rede ich nicht sowohl
von der Arbeit, welche ich in diesem Werke liefere, als
vielmehr von der Ausführung, deren ich ein Naturgemälde
der Äquinoctial-Länder fähig halte. Der gegenwärtige Versuch
bedarf der Nachsicht des Publikums um so mehr, als er
mitten unter den heterogenesten Beschäftigungen ausgear-
beitet worden ist. Gestatten neue Unternehmungen, zu denen
ich mich vorbereite, mir künftig Mufse und Ruhe : so hoffe
ich, diesem Naturgemälde eine gröfsere Vollständigkeit zu
geben; denn botanische Karten werden das Schicksal der
bisher sogenannten geographischen haben, und sich ihrer
Vollkommenheit allmählig nur dadurch nähern, dafs sich
die Zahl genauer Beobachtungen und Messungen vermehrt.

Ich habe die erste Skizze dieser Arbeit an der Küste der
Südsee, im Hafen von Huayaquil entworfen im Februar
1803, als ich von Lima zurückkehrte, und mich zu der

---

[1] Herrn Gay-Lussac's Versuche, im September 1804.

6

Schiffahrt nach Acapulco vorbereitete. Eine Copie dieser
Skizze schickte ich sogleich Herrn Mutis nach Santa-Fe-
de-Bogota. Dieser vortreffliche Botaniker, mit dem ich in
den innigsten Freundschaftsverhältnissen gelebt, wäre mehr
als irgend jemand im Stande gewesen meine Beobachtungen
zu berichtigen, und sie durch die seinigen zu erweitern.
Vierzig Jahre. lang hat er das Königreich Neu-Grenada
durchreist, und die Tropenpflanzen auf allen Höhen untersucht, in den dürren Sandebenen von Carthagena, an
den schönen Ufern des Madalenen-Stromes, wie auf den
Hügeln von Turbaco, wo *Gustavia augusta*, *Nectandra sanguinea* und die kolossalischen Stämme des *Anacardium
Caracoli* ein dickes Gebüsch bilden. Herr Mutis hat einige
Jahre lang auf den hohen Gebirgsebenen von Pamplona
und Mariquita, andere Jahre am östlichen Abfall der
Andeskette, nahe bey dem Städtchen Ibague gelebt, einem
Aufenthalte, der durch ewige Milde der Luft, üppigen
Pflanzenwuchs und malerische Berggehänge auch mir un-
vergefslich geworden ist. Kein anderer Botaniker hat mehr
Gelegenheit gehabt, wichtige Beobachtungen über die Geo-
graphie der Pflanzen einzusammeln, da er während des Her-
barisirens stets barometrische Höhenmessungen angestellt,
und die hohen Gipfel der Cordilleren so vielfältig bestiegen
hat; Gipfel, auf welchen *Escallonia myrtilloides*, *Wintera
granatensis* und die ewig blühende *Befaria* (*Bejaria*), die
Alpenrose der Tropenwelt, den fast nackten Felsen bedecken.
Auch Herr Hänke, welcher den unglücklichen Alessandro
Malaspina auf seiner Schiffahrt begleitet hat, wird viele Mate-

rialien zu einer Arbeit wie die meinige besitzen. Zehn Jahre lang durchstreift er mit rastlosem Eifer die Andeskette von Cochabamba, einen Arm, der die Gebirge von Potosi mit den brasilianischen vereinigt. Nicht minder wichtige Beobachtungen für die Pflanzen-Geographie haben wahrscheinlich die Herren Sesse und Mociño gesammelt, welche, mit den vegetabilischen Schätzen von Neu-Spanien beladen, so eben nach Europa zurückgekehrt sind. Sie haben in einem Lande gearbeitet, wo die Vegetation sich von den brennendheissen Küsten von Vera-Cruz und Yucatan bis zum ewigen Schnee der Vulkane, bis zum Sitlaltepetl (Pico de Orizaba) und zum Popocatepec erhebt. Leider aber hat mein Aufenthalt in Mexico und in den nordamerikanischen Freystaaten mich gehindert mit allen diesen gelehrten Botanikern in Verkehr zu treten, und ihren Rath bey der Ausarbeitung dieses Naturgemäldes zu benutzen.

Die Zeichnung, welche ich selbst in Huayaquil entworfen, ist in Paris von einem grofsen Künstler, Herrn Schönberger, weiter ausgeführt worden. Um dieser Ausführung diejenige Vollendung zu geben, welche zum Kupferstich nöthig ist, hat Herr Turpin die letzte Hand daran gelegt. Ein Bild, welches an nebenstehende Scalen profilartig gebunden ist, kann an sich keiner sehr malerischen Ausführung fähig bleiben. Alles was geometrische Genauigkeit erheischt, ist dem Effekt entgegen. Die Vegetation sollte eigentlich blofs als Masse sichtbar seyn, und daher wie in militärischen Planen angedeutet werden. Doch habe ich geglaubt, dafs ich es mir erlauben dürfte, in der Ebene

(gleichsam im Vorgrunde) die zartblättrigen Pisanggebüsche
und die hohen Stämme der Palmen bestimmter auszudrücken. Man sieht Musagewächse und Fächerpalmen allmählig
sich in kleinblättrige Laubbäume, diese sich in niedriges
Gesträuch, das Gesträuch sich in die Grasflur verlieren. Die
Region der Gräser reicht so weit als die lockere Erdschicht,
welche dünner und dünner sich über dem Berggipfel aus-
breitet. Moose, inselförmig an den klüftigen Felswänden
vertheilt, Blätterflechten und buntfarbige Psoren bestimmen
stufenweise die obere Begrenzung der Pflanzendecke. Ge-
schmackvoller wäre vielleicht das Ganze ausgefallen, wenn
keine Zahl, keine Beobachtung um den Umrifs der Andeskette selbst geschrieben worden wäre. Aber in dieser
geographischen Vorstellung sollten zwey sich oft fast aus-
schliefsende Bedingungen zugleich erfüllt werden, Genauigkeit der Projection und malerischer Effekt. Wie weit es uns
geglückt ist diese Schwierigkeit zu überwinden, müssen wir
der Entscheidung des Publikums überlassen.

Das Naturgemälde der Tropenländer umfafst alle physikalischen Erscheinungen, welche die Oberfläche der Erde
und der Luftkreis von dem 10ten Grade nördlicher bis zum
10ten Grade südlicher Breite darbietet. Pflanzen- und Thier-
formen, und vorzüglich die meteorologischen Phänomene,
nehmen, im neuen Welttheile, vom 10ten bis zum 23sten
Grade der Breite einen der Äquatorregion so ganz unähn-
lichen Charakter an, dafs es unrichtig gewesen wäre dasselbe
Naturgemälde bis an die Wendekreise selbst auszudehnen.

Nach den geodesischen Messungen, welche ich im Königreich
Neu-Spanien angestellt, senkt sich die untere Schneelinie
unter neunzehn Graden nördlicher Breite noch nicht tiefer
als vier tausend sechs hundert Meter (2360 Toisen) herab,
das heifst, der ewige Schnee fängt dort nur um zwey hundert
Meter (104 Toisen) früher als unter dem Äquator an. Dagegen geben die Nähe der gemäfsigten Zone; die Strömungen
in den oberen Luftregionen; der Einflufs, den in jeder Hemisphäre der nähere Pol auf die abweichende Richtung der
Passatwinde ausübt, und andere Ursachen, welche von der
Konfiguration des Kontinents abhängen, den unter dem
2osten und 23sten Breitengrade gelegenen Ländern ein
Klima und einen Vegetationscharakter, den man unter den
Tropen kaum erwarten sollte. Im Lande Anahuac (im jetzigen Neu-Spanien) wachsen die Tannen (*Pinus*) bis drey
tausend neun hundert vier und dreyfsig Meter (2019 Toisen)
hoch über der Meeresfläche; und kaum sechs hundert fünfzig Meter (332 Toisen) unterhalb der Schneegrenze habe ich
noch Stämme von neun Decimetern (3 Fufs) Dicke gefunden,
während dafs südlicher unter dem 5ten und 6ten Breitengrade hohe Bäume kaum noch auf Bergen von drey tausend
fünf hundert Metern (1795 Toisen) wachsen. In der Insel
Cuba sinkt das Thermometer an der Meeresküste im Winter bisweilen bis zum Eispunkte[1] herab. Ganze Tage erhält

[1] Wo nicht das Gegentheil ausdrücklich bemerkt ist, wird in dieser Schrift
die Wärme stets nach dem hunderttheiligen (Reaumürschen) Quecksilberther-
mometer bestimmt. Unter Meilen verstehe ich Seemeilen, zwanzig auf einen
Grad, jede zu fünf tausend fünf hundert fünf und fünfzig Metern (2850 Toisen).

es sich auf sieben Graden, während dafs man es auf der
Küste von Vera-Cruz und in S. Domingo, in einer wenig
südlichern Breite, nie unter siebzehn Graden sieht. In Neu-
Spanien ist Schnee in den Strafsen der Hauptstadt Mexico,
im Königreich Michoacan ist er in Valladolid selbst gefallen;
obgleich beyde Städte nur zwey tausend zwey hundert vier
und achtzig Meter (1174 Toisen) und tausend acht hundert
siebzig Meter (959 Toisen) über der Meeresfläche erhaben
liegen. Zwischen dem Äquator und dem 4ten Breitengrade
hat man dagegen unter vier tausend Metern (2052 Toisen)
Höhe nie schneien sehen. Alle diese Verschiedenheiten beweisen hinlänglich, dafs ein Naturgemälde der äquatornahen
Länder nicht die *ganze* heifse Zone zugleich umfassen kann.

Mein Naturgemälde stellt einen senkrechten Durchschnitt
nach einer Fläche dar, die durch den Rücken der Andeskette, von Osten gegen Westen, gerichtet ist. Man unterscheidet in der Zeichnung gegen Westen die Küste der
Südsee, eines Oceans, welcher in dieser Gegend allerdings
den Namen des friedlichen oder stillen Meeres verdient :
denn vom 12ten Grade südlicher bis zum 5ten Grade nördlicher Breite, nicht aber ausserhalb dieser Zone, wird seine
Oberfläche durch keine Stürme beunruhigt. Zwischen dem
Meeresufer und der hohen Cordillere befindet sich das merkwürdige Thal Cuntisuyu [1] (der westliche Theil des Königreichs Peru), welches sich weit von Süden gegen Norden
erstreckt, aber kaum zwanzig bis dreyfsig Seemeilen breit

---

[1] Gleichsam das Westland in der politischen Eintheilung der Incas-Länder.
Garcilasso Comentarios reales, T. I, p. 47.

st. Diefes Längenthal, oder vielmehr diese meernahe Ebene, st von 4° 50' südlicher Breite an, gegen Quito oder Chinhasuyu hin, mit einer üppigen kraftvollen Vegetation erüllt; südlicher als jener Parallelkreis findet man eine öde, raurige Sandwüste. Von den Hügeln von Amotape an bis gegen Coquimbo hin kennen die Einwohner dieser Steppe weder Regen noch Donnerwetter, während dafs jenseits lieser Hügel, gegen Norden hin, die Wasser viele Monathe lindurch, unter tösenden, elektrischen Explosionen, wolkenbruchähnlich aus der verfinsterten Luft hcrabstürzen.

Ich habe das Profil der Andeskette ihren höchsten Gipfel, den Chimborazo, durchschneiden lassen, welcher unter 1° 27' südlicher Breite und 0° 19' westlich vom Meridian von Quito liegt. Die Höhe dieses Kolosses ist dreymal im Jahr 1741 durch die französischen und spanischen[1] Astronomen, und im Jahr 1802 durch mich selbst gemessen worden. Da diese Messungen halb geodcsisch, halb baromerisch sind; da, je gröfser die Höhenwinkel ausfallen sollen, um so höher die Ebene ist, auf welcher man die Grundinie zwischen den Standzeichen mifst; und da in dem Calcul so beträchtlicher Höhen wahrscheinlich ganz verschiedene Barometer- und Refractionsformeln befolgt worden sind: so darf man sich nicht wundern, dafs die dem Chimborazo bisher zugeschriebenen Höhen so überaus verschieden aus-

---

[1] Auf einer Karte des *Deposito hydrografico de Madrid*, liest man beym Chimborazo die Zahl 7496 *varas*. Da diese Zahl genau mit Bouguer's 3217 Toisen zusammentrifft: so vermuthe ich fast, dafs Malaspina's Expedition den Chimborazo nicht gemessen habe. 1 Toise = 2,3316 *varas*.

fallen. La Condamine bestimmt ihn auf sechs tausend zwey hundert vier und siebzig Meter (3220 Toisen); Don Jorge Juan, der tiefsinnige spanische Geometer, auf sechs tausend fünf hundert sechs und achtzig Meter (3380 Toisen). Wahrscheinlich liegen die Ursachen dieser Verschiedenheiten nicht in der geodesischen Messung, sondern in der barometrischen Bestimmung der Höhe, um welche die Standlinie über der Meeresfläche erhaben ist. Die dem Chimborazo nächsten Ebenen sind zwey tausend neun hundert Meter (1488 Toisen) hoch. Berechnet man ihre Höhe nach Bouguer's barometrischer Regel : so findet man sie um hundert dreyfsig oder hundert vierzig Meter (67 oder 72 Toisen) geringer, als wenn man der Schuckburgischen oder Laplacischen Formel der Temperatur-Correction folgt. Die Höhe des Chimborazo, welche La Condamine und Don Jorge Juan angeben, gründet sich wahrscheinlich auf die Höhe der Stadt Quito, welche der erstere zu zwey tausend acht hundert fünf und vierzig Meter (1460 Toisen), und der letztere zwey tausend neun hundert fünf und fünfzig Meter (1517 Toisen) annimmt. Die Laplacische Formel gibt dieser Stadt zwey tausend neun hundert fünf und dreyfsig Meter (1506 Toisen); und man darf diesem Resultate, welches aus den von La Condamine selbst angegebenen Barometerständen folgt, nicht etwa die Bouguersche, sogenannte geodesische Operation bey Niguas[1] entgegensetzen, weil diese, wie an einem andern Orte entwickelt werden soll, auf sehr unsicheren Datis beruht. Ist

---

[1] Bouguer, Figure de la terre, p. 166.

demnach schon Quito von La Condamine wahrscheinlich um neun und achtzig Meter (46 Toisen) zu niedrig angegeben, welche andere Modificationen mufs nicht die Messung des Chimborazo durch die Referirung eines Signals auf das andere, und durch die Annahme einer zu starken Strahlenbrechung erlitten haben? Denn La Condamine und Don Jorge Juan, welche in der Höhe von Caraburu nur um achtzig Meter (41 Toisen), in der von Quito um hundert und zehn Meter (57 Toisen) von einander abweichen, entfernen sich in der Höhe des Chimborazo um drey hundert und zehn Meter (160 Toisen), das heifst, um ein Einundzwanzigstel des Ganzen[1] von einander, ungeachtet beyde Astronomen gemeinschaftlich und mit Instrumenten von fast gleicher Güte arbeiteten.

Während meines Aufenthalts in der neuen Stadt Riobamba habe ich durch eine trigonometrische Messung, die ich in der Bimssteinebene von Tapia angestellt, den höchsten Gipfel des Chimborazo, bey der Annahme von einem Vierzehntel Strahlenbrechung, um drey tausend sechs hundert und vierzig Meter (1867 Toisen) über der Ebene erhaben

---

[1] In den neuesten Messungen von Mechain und Delambre finden sich indefs noch stärkere Differenzen mit älteren Messungen: Puy-Marie, nach Cassini, neun hundert sechs und fünfzig Toisen; nach Delambre, acht hundert ein und fünfzig Toisen: Mont-d'or, nach Cassini, tausend acht und vierzig Toisen; nach Delambre, neun hundert acht und sechzig Toisen. Pic du Midi, nach Mechain, tausend vier hundert und siebzig Toisen; nach Vidal, tausend fünf hundert und sechs Toisen: Montblanc, nach Deluc, zwey tausend drey hundert ein und neunzig Toisen; nach Pictet, zwey tausend vier hundert sechs und zwanzig Toisen; nach Saussure, zwey tausend vier hundert und fünfzig Toisen.

gefunden. Nun gibt meine Barometer-Beobachtung, welche Herr Gouilly gefälligst nach Laplace's Formel berechnet hat, Tapia um zwey tausend acht hundert sechs und neunzig Meter (1485 Toisen) über dem Meere an. Demnach beträgt die ganze Höhe sechs tausend fünf hundert sechs und dreyfsig Meter (3354 Toisen). Wende ich dagegen Laplace's neue Refractionsformel auf meine Höhenwinkel an : so finde ich den Chimborazo sechs tausend fünf hundert vier und vierzig Meter (3357 Toisen) hoch; ein Resultat, welches zwischen die älteren Angaben fällt, aber der Messung des spanischen Astronomen Don Jorge Juan [1] am nächsten kommt. Die Länge der von mir gemessenen Standlinie, tausend sieben hundert zwey Meter (873 Toisen), die Natur der Winkel und die Güte meines Ramsdenschen Sextanten lassen mich hoffen, dafs meine Höhenbestimmung des Chimborazo nicht gar viel von der Wahrheit abweicht.

Der Gipfel dieses kolossalischen Gebirges hat, Trotz der Verschiedenheit des Gesteins, einige Ähnlichkeit mit der Physionomie des Montblanc. Er ist ein grofses Kugelsegment, eine Form, welche auf dem beyliegenden Profile, der geringen Distanzscale wegen, nicht hat ausgedrückt werden können. Eine Landschaft, welche für meine Reisebeschreibung bestimmt ist, wird den Chimborazo in seiner wahren Gestalt malerisch darstellen.

Hinter dem Chimborazo erhebt sich in der Zeichnung ein fünf tausend sieben hundert zwey und fünfzig Meter (2952

---

[1] *Viaje a la America merid. p.* 98. (Ed. franç., *T. II, p.* 114.)

Toisen) hoher, vulkanischer Kegelberg, der Cotopaxi (nebst
dem Tungurahua und dem Sangay), gegenwärtig der ver-
heerendste aller feuerspeyenden Berge von Quito. Er ist
fast fünfmal höher als der Vesuv, ein Hügel, der kaum eilf
hundert sieben und neunzig Meter (615 Toisen) erreicht.
Doch ist der Cotopaxi noch nicht der höchste Vulkan auf
unserm Planeten : denn er steht dem Antisana an Höhe
nach, dessen dickbeeister Gipfel sich fünf tausend acht
hundert zwey und dreyfsig Meter (2993 Toisen) über der
Meeresfläche erhebt und mehrere kleine Öffnungen hat,
von denen ich eine im März 1802 rauchen sah. In der Natur
selbst ist der Cotopaxi entfernter vom Chimborazo als er
es in dem Profile zu seyn scheint. Wenn in demselben die
wahren Horizontaldistanzen angegeben; wenn es (wie mein
geognostischer Atlas) die Unebenheiten des Bodens in einer
bestimmten Gegend treu darstellen sollte : so hätte ich statt
des Cotopaxi den dem Chimborazo nahen Vulkan Carguei-
razo abbilden sollen. Aber ausserdem dafs dieser in der
schreckenverbreitenden Nacht des 19ten Julius 1698 fast
ganz eingestürzt ist, und in den Trümmern seiner alten
Gröfse wenig Interesse einflöfst, so bewogen mich auch
andere Gründe dem Cotopaxi den Vorzug zu geben. Dieser
Vulkan war es, dessen krachenden unterirdischen Donner
wir in dem Hafen von Huayaquil fast in jeder Minute
vernahmen, während ich mein Naturgemälde der Tropen
entwarf. Ungeachtet der Crater [1] des Cotopaxi zwey und

---

[1] Ich habe den Crater des Cotopaxi ohngefähr neun hundert und dreyfsig
Meter (478 Toisen), den von Rucupichincha (gleichsam Vater-Pichincha, der

vierzig Seemeilen von uns entfernt war, so hörten wir doch
sein brüllendes Getöse (los bramidos del Cotopaxi nennen
es die Einwohner) wie den Donner des schweren Geschü-
tzes. Im Jahr 1744 vernahm man dasselbe in zwey hundert
und zwanzig Seemeilen Entfernung, bis gegen Honda und
Monpox am Madalenen-Strome hin. Hätte der Vesuv gleiche
Intensität des vulkanischen Feuers, oder gleiche unterirdische Verbindungen : so müfste man sein Krachen, der
Analogie nach, bis Prag oder Dijon gewahr werden.

Die Höhe, zu welcher im Profil der Rauch des Cotopaxi
in die Luft steigt, ist nicht willkührlich, sondern nach
wirklichen Messungen angegeben. La Condamine, dessen
Werk ein schwer nachzuahmendes Muster von Genauigkeit
ist, fand, dafs die Flamme im Jahr 1738 über neun hundert Meter (fast 2800 Fufs) hoch über dem obern Rande
des Craters aufloderte. Während dieser Explosionen speyt
der Cotopaxi, wie andere Vulkane des Königreichs Quito,
eine ungeheure Masse süfsen, oft mit geschwefeltem Hydrogen geschwängerten Wassers, mit Kohlenstoff durchdrun-
genen Letten und Fische [1], welche kaum von der Hitze
verunstaltet sind und zum Geschlecht Pimelodes gehören.

Es bedarf kaum des Erwähnens, dafs die Projection der

Alte, im Gegensatz des Guagua oder des jungen Pichincha) tausend vier hundert drey und sechzig Meter (751 Toisen) im Durchmesser gefunden. Der
Crater des Vesuv soll, im Jahr 1801, etwa sechs hundert und sechs Meter
(312 Toisen) breit gewesen seyn.

[1] Pimelodes Cyclopum. S. das erste Heft meiner Beobachtungen aus der Zoologie und vergleichenden Anatomie.

Cordillere blos an einen Höhenmaasstab gebunden ist; dafs
über dieselbe Scale nicht für die horizontalen Entfernungen
gelten kann. Die höchsten Berge der Erde sind so unbe-
trächtlich, wenn man ihre Höhe mit den Entfernungsgröfsen
vergleicht, dafs der Chimborazo, zum Beyspiel, in einer
Zeichnung, welche auf dem gröfsten Atlasformat eine Land-
strecke von zwey hundert Meilen darstellen sollte, noch
nicht vier Millimeter (2 Linien) hoch ausfallen würde,
wenn einerley Maasstab für die Ordinaten und Abscissen
dienen sollte. Wollte man andrerseits nach der Höhenscale
meines Profils, ich sage nicht ganz Süd-Amerika in seiner
Breite, sondern blos den schmalen Landstrich zwischen der
Südsee und dem westlichen Abfall der Cordillere projiciren:
so müfste das Profil fast vierzigmal länger als das Format
dieses Werkes seyn. Wenn man daher einen beträchtlichen
Theil der Erdoberfläche in Durchschnitten darstellen will,
um die Construction der Gebirge aufzuklären : so mufs
man die Idee aufgeben den Höhen- und Distanzscalen einerley Gröfse zu geben ; ein Umstand, der allerdings den
Nachtheil hat, dafs bey der nothwendigen Verengerung
aller Breitenverhältnisse die Gebirgsabhänge zu steil ausfallen. Eine solche widersinnig scheinende Verzerrung der
Umrisse darf aber diesen Länderprofilen so wenig als der
geographischen Mercator-Projection vorgeworfen werden,
da es in Arbeiten dieser Art auf strenge Befolgung fester
Regeln, und nicht auf malerische Ähnlichkeit ankommt. An
einem andern Orte, in meinem Versuche einer geognostischen Pasigraphie, oder in meinem physikalischen Atlas

werde ich Gelegenheit haben die Natur dieser Profile näher
zu erörtern.

Den östlichen Abfall der Cordillere stellt die Zeichnung
etwas sanfter als den westlichen vor. Dieser Unterschied
existirt in dem Theile, durch welchen ich die schneidende
Fläche gelegt habe. Doch bin ich weit davon entfernt zu
glauben, dafs die ganze Andeskette überall diesen steilern
Abfall gegen Westen darbietet, wie Buffon und andere
berühmte Physiker annehmen. Wer des Landes genau kun-
dig ist, weifs wie wenig man sich es erlauben darf über den
fast unbesuchten westlichen Abhang zu entscheiden, und
wie leicht es ist Nebenketten und einzelne Gebirgsstöcke
mit dem hohen Rücken selbst zu verwechseln, der die gren-
zenlosen, flufsreichen Waldebenen des Beni, Puruz und
Ucayale von dem schmalen Küstenlande trennt. Die Cordillere übersteigend, — einmal von Westen gegen Osten, vom
eisigen Paramo des Guamani, wo man auf drey tausend drey
hundert Meter (1704 Toisen) Höhe, der Cyclopen-Construc-
tion ähnliche Ruinen eines Ynca-Pallastes sieht, herab gegen
den Chinchipe und Amazonen-Flufs; und das andere Mal,
von Osten gegen Westen, von Jaen de Bracamorros über Micuipampa gegen die Südsee hin, — habe ich deutlich bemerkt,
dafs unter dem 3ten und 6ten Grade südlicher Breite der
östliche Abhang der Andes minder sanft als der westliche ist.
Herr Hänke, ein genauer und scharfsichtiger Beobachter,
behauptet eben dieses [1] von den fruchtbaren Thälern von

---

[1] In einem Manuscripte (Statistik von Cochabamba), das mir der gelehrte
Mönch Cisnero in Lima geliehen.

Chiquitos und Cochabamba. Im Königreich Neu-Grenada, unfern der Hauptstadt Santa-Fe-de-Bogota, ist der östliche Abhang der Cordillere so steil, dafs kein Indianer noch vom Gebirge Chingasa herab in die Ebenen (Grasfluren) von Casanare hat gelangen können.

Die Kluft, welche ich auf dem östlichen Abfall der Andeskette angedeutet, erinnert den Beobachter an jene engen, schauervollen Thäler, welche wahrscheinlich Erdstöfsen und vulkanischen Explosionen ihren Ursprung verdanken. Einige derselben sind so tief eingefurcht, dafs der Vesuv, die Schneekoppe und der Puy-de-Dôme, in sie versetzt, noch nicht mit den Gipfeln der Höhe der Thalmauern gleichkommen würden. Das wegen seiner furchtbaren Hitze weit berufene Thal von Chota, unweit der Stadt Quito, ist tausend fünf hundert sechs und sechzig Meter (4824 Fufs), das Flufsthal des Cutacu in Peru über tausend vier hundert Meter (4200 Fufs) tief, ungeachtet der Boden dieser Schluchten noch um eben so viele Fufs über der Meeresfläche erhaben ist. Die Breite dieser Thäler ist oft nicht über acht hundert Meter (411 Toisen), und sie stellen dem Geognosten das Bild ungeheurer, unausgefüllter Gänge dar. In Europa ist eins der tiefsten Thäler unstreitig das von Ordesa am Mont-Perdu in den Pyrenäen, welches nach Ramond acht hundert sechs und neunzig Meter (459 Toisen) mittlerer Tiefe hat.

Am östlichen Ende meines Profils ist die Küste des atlantischen Oceans angedeutet. Um zu zeigen, wie viel länger dieser Theil der Zeichnung seyn sollte, ist die unermefsliche

Ebene, welche der Amazonen-Flufs und der Guainia (Rio-
Negro) begrenzen, *unterbrochen* vorgestellt.

So viel von den *geognostischen Phänomenen*, welche
ich in dem Contour des Profils auszudrücken gesucht. Im
Innern desselben habe ich die Geographie der Tropenpflanzen in dem gröfsten Detail entwickelt, welches der
Raum eines einzigen Blattes gestattet. Diese Arbeit gründet
sich auf eigene Beobachtungen; denn sechs tausend zwey
hundert verschiedene Species von Äquinoctial-Gewächsen
haben wir, mein Reisegefährte Bonpland und ich, in fünf
Jahren auf unseren Excursionen in Süd-Amerika, Mexico,
und der Insel Cuba gesammelt. Da wir zu gleicher Zeit
astronomische, geodesische und barometrische Messungen
angestellt: so können wir nach den Journalen unsrer Expedition fast für jede gesammelte Pflanze Breitengrad, Maximum und Minimum der Standhöhe über der Meeresfläche,
Temperatur der Luft und Beschaffenheit des Bodens und
Natur der in der Nähe anstehenden Gebirgsart angeben.

Den Compafs in der Hand, habe ich, nach Angabe unserer
Manuscripten, in das Profil von Süd-Amerika vorzüglich die
Pflanzen eingetragen, denen die Natur sehr bestimmte Hö-
hengrenzen anzuweisen scheint. Jeder Name ist nach der
beystehenden Meter- und Toisenscale in die dem bezeichneten Gewächse zukommende Höhe gesetzt. Wenn eine
Pflanze auf dem Abhange der Cordillere eine breite Zone
einnimmt: so ist diefs oft dadurch ausgedrückt worden, dafs
der Name der Pflanze schräg geschrieben ist. Wenn fast
alle bisher bekannte Arten einer Gattung in einer Höhe

wachsen, so hat man sich begnügt, den blofsen generischen Namen aufzuzeichnen. So finden sich unter dem Äquator die Escallonien, *Wintera, Befaria* und *Brathys,* nur auf grofsen Höhen der Andeskette, während dafs Mahagony (*Switenia*), Brasilet (*Cæsalpinia*), *Bombax,* und besonders *Cocollaba, Avicennia* und *Mangle* (*Rhizophora*), nur in tieferen Ebenen und am Meeresstrande wachsen. Die Enge des Raumes, den ich zu benutzen hatte, gestattete mir nur wenige Arten zu nennen. Sollte dieser Versuch hinlängliches Interesse erregen, so kann ich in der Folge botanische Special-Karten liefern, zu denen bereits alle Materialien gesammelt sind. Im beyliegenden Profile war es unmöglich über hundert und fünfzig Arten von *Melastoma,* sechs und achtzig von *Molina,* acht und achtzig von *Eupatorium,* vierzig Lobelien, zwey und fünfzig Calceolarien und über vier hundert Grasarten, welche wir in der Tropenregion beobachtet, in den ihnen zukommenden Höhen aufzuzeichnen. Bisweilen habe ich den Namen derselben Gattung mehrmals wiederholt, um dadurch anzudeuten, dafs einige Arten derselben auf fünf hundert Meter (256 Toisen), andere auf drey tausend Meter (1539 Toisen) Höhe wachsen. Da wir dazu erst seit wenigen Monathen in Europa zurück sind: so habe ich es nicht wagen können eine grofse Zahl neuer Gattungen hinzuzufügen, die wir bald beschreiben werden, über deren Benennung wir aber noch unschlüssig sind. Ich habe blofs einige aufgeführt, welche in dem ersten und zweyten Heft unserer *Plantæ æquinoctiales* erscheinen und jetzt gestochen werden, als *Cusparia febrifuga* (der wohlthätige Baum, welcher den *cortex angosturæ* liefert : eine neue Gattung, *foliis ternatis et alternis*), die *Matisia cordata*, und die Wachspalme, *Ceroxylon andicola*, über welche Bonpland dem National-Institut so eben eine eigene Abhandlung vorgelesen hat.

Um die Vertheilung der Gewächse auf dem Erdboden unter einen allgemeinern Gesichtspunkt zu stellen, habe ich meine botanische Karte in *Regionen* abgetheilt, von denen jede die analogen, in einer Höhe vorkommenden, Pflanzenformen in sich begreift. Die Namen dieser Regionen sind mit gröfserer Schrift bezeichnet, wie die Namen der Provinzen in den geographischen Landkarten.

Wenn man sich von dem Innern des Erdkörpers, oder von der Tiefe der Höhlen zu den beschneyten Gipfeln der Andes erhebt : so trifft man zuerst auf die *Region der unterirdischen Pflanzen*. Der untere Rand des Profils nennt einige dieser kryptogamischen Gewächse, deren wunderbaren Bau Scopoli zuerst erforscht hat, und die ich in meiner frühern Jugend in einem eigenen Werke [1] bearbeitet habe. Specifisch von den Kryptogamen verschieden, welche man auf der Oberfläche der Erde findet, scheinen sie, wie eine grofse Zahl dieser letzteren, unabhängig vom Breitengrade und dem Klima. In tiefe Nacht gehüllt, dem Reitze des Sonnenstrahles fremd, Stickgas und brennbare Luft aushauchend, breitet sich ihr flockiges Gewebe über das feuchte Gestein unterirdischer Höhlen, und über die alternde Zimmerung der

---

[1] Floræ Fribergensis Specimen, plantas cryptogamicas præsertim subterraneas recensens; 1790.

Bergwerke aus. In denen von Neu-Granada und Mexico, ja
selbst in der südlichen Hemisphäre, in den peruanischen
Gruben von Hualgayoc, habe ich dieselben Flechten- und
Schwamm-Arten entdeckt (*Boletus ceratophora*, *Lichen
verticillatus*, *Boletus botrytes*, *Gymnoderma sinuata*, *Byssus
speciosa*); welche ich in den Bergwerken von England,
Deutschland und Italien beobachtet. In gleicher Tiefe mit
diesen unterirdischen Kryptogamen, vegetiren im *finstern*
Meeresgrunde Fucus- und Ulven-Arten, die sich oft an
das Senkbley anhängen, und deren frisches *Grün* dem
Physiker eine räthselhafte Erscheinung darbietet.

Wenn wir die zahllose Menge unterirdischer Pflanzen
verlassen, finden wir uns auf einmal in eine Zone versetzt,
in welcher die Natur die prachtvollsten Gestalten entwickelt, und sie zu den schönsten Gruppen vereinigt hat.
Hier ist die *Region der Palmen und Pisang-Gewächse*,
welche von der Meeresfläche bis tausend Meter (514 Toisen) hoch auf das Gebirge hinansteigt. Hier herrschen
fast ausschliefslich *Musa*, *Heliconia*, *Alpinia*, die wohlduf-
tendsten Lilien und das Gebüsch schlankstämmiger Palmen.
Der Balsambaum von Tolu, Hymeneen, die schildblättrige
Cecropia, *Theophrasta*, *Plumeria*, *Muscænda*, und die
Cuspare oder *Quina* von Carony, vegetiren hier in voller
Kraft. Vom glühenden Sonnenstrahle getroffen, bedecken
das dürre Sandufer *Allionia*, *Conocarpus*, *Convolvulus
littoralis*, *Convolvulus brasiliensis*, *Talinum*, *Avicennia*,
Cactus peireskia, und *Sesuvium portulacastrum*. An den
Flufsufern rankt die *Aristolochia cordiflora*, deren Blume

oft volle drey und vierzig Centimeter (16 Zoll) im Durchmesser hat.

Einige Gewächse dieser Region zeigen sonderbare, wenn gleich nur scheinbare Abweichungen von den allgemeinen Gesetzen der geographischen Pflanzenvertheilung. Die südamerikanischen Palmen werden, wie die des alten Kontinents, durch Mangel der Wärme gehindert über tausend Meter (514 Toisen) hoch an dem Abhange der Gebirge anzusteigen. Ein einziger Palmbaum der Andeskette bietet die wundersame Erscheinung dar, dafs er, von allen anderen Arten seiner Familie entfernt, erst in der Höhe der Scheideck und des Gothards-Passes beginnt, und sich mit üppigem Wuchse fast bis zu der doppelten Höhe der Schneekoppe verbreitet.

Der Anblick einer solchen *Alpenpalme* in den Schneebergen von Quindiu, unter 4° 32' nördlicher Breite, hat uns auf das lebhafteste überrascht. Ihr oft fünfzig Meter (fast 160 Fufs) hoher, schwarzgeringelter Stamm glänzt von reinem Wachse, welches Herr Vauquelin unter mehreren anderen Produkten unserer Expedition, chemisch untersucht hat. Diese Wachspalme (*Ceroxylon andicola*) haben wir in den Andes von Quindiu und Tolimala, zwischen Eichen und Wallnufsbäumen, in einer Berghöhe von achtzehn hundert bis zwey tausend acht hundert Meter (zwischen 900 und 1500 Toisen) beobachtet.

In der spanischen Beschreibung der Seefahrt des Admiral Cordoba wird gesagt, dafs man eine Palme in den engen Schluchten der magellanischen Meerenge, unter dem 53sten

Grade südlicher Breite (also in einem Klima, das nicht viel milder ist als das von Nord-Deutschland) gefunden habe. Diese Nachricht, welche mir in der Havana ein Gefährte von jener Expedition mündlich bestätigt hat, ist um so auffallender, als es selbst unbotanischen Augen unmöglich scheint, eine Palme mit irgend einem andern Baume, als höchstens mit einem hochstämmigen Farrenkraute zu verwechseln, dessen Existenz in einem so kalten Klima nicht minder sonderbar wäre. In Europa wächst der einheimische *Chamærops*, und die eingeführte afrikanische Dattelpalme, nicht nördlicher als 43° 40ʹ.

Bananen-Gewächse (*plantæ scitamineæ*) und die bisher bekannten Heliconien wachsen unter den Tropen nicht höher als auf Gebirgsabhängen von vier bis fünf hundert Meter (etwa 1400 Fuſs). Um so mehr sind wir erstaunt, als wir nahe am Gipfel des sogenannten Sattel-Felsens von Caracas (la Silla, oder el Cero de Avila, nahe bey Caravalleda), zwey tausend ein hundert und fünfzig Meter oder 6600 Fuſs hoch über dem Meere, ein Pisang-Gewächs fanden, das über vier Meter (12 Fuſs) hoch war, und ein so dickes Gebüsch bildete, daſs unsere Indianer die gröſste Mühe hatten, uns mit der Axt einen engen Fuſsweg zu bahnen. Wir fanden diese Pflanze nicht blühend, aber dem ganzen Habitus nach ist es eine neue Species von *Heliconia*, welche diese Bergkälte erträgt, und das seltene Beyspiel eines von Alpenpflanzen umgebenen Bananen-Gewächses darbietet.

Sesuvium portulacastrum bedeckt die Meeresküsten von

Cumana, wie die unfreundlich kalte Gebirgsebene von Perote im Königreich Neu - Spanien ; eine Ebene , welche
zwey tausend drey hundert und vierzig Meter (1200 Toisen)
über dem Meere erhaben, und mit efflorescirender Kohlen-
und Kochsalzsaurer Soda angefüllt ist. Pflanzen der Salz-
Steppen scheinen , wie Wassergewächse , unempfindlicher
gegen Klima und barometrischen Luftdruck zu seyn.
Unmittelbar über der Region der Palmen und Bananen-
Gewächse liegt die *Region der baumartigen Farrenkräuter.*
Dieser Erdstrich ist zugleich auch die *Region der Fieber-*
rinde, nur mit dem Unterschiede , daß die baumartigen
Polypodien, dem gemäßigten Klima treu, sich auf die Zone
zwischen vier hundert und sechzehn hundert Meter (1200
und 4800 Fuß) beschränken , und selten zu größeren
Höhen an den Gebirgsabhängen heransteigen. Mehrere
China - Arten (*Cinchona*) hingegen bedecken die Andeskette bis zwey tausend neun hundert Meter (1487 Toisen)
Höhe. Die orangenfarbene und gelbe Fieberrinde (*Cinchona*
lanceifolia und *Cinchona cordifolia* des Mutis) scheuen die
Bergkälte so wenig, daß man sie in Höhen antrifft, welche
denen des Watsmann in Tyrol, oder des Canigou bey Per-
pignan gleich sind. Das Thermometer sinkt hier fast bis
zum Eispunkte herab. Die Cinchona-Arten, welche dagegen
das heiße Klima am leichtesten ertragen , und deßhalb
am tiefsten in die Thäler herabsteigen , sind die rothe
China (*Cinchona oblongifolia*), die ungleichblüthige (*Cin-*
chona dissimiliflora) und die prachtvolle *Cinchona longi-*
flora. Von der letztern habe ich hohe Stämme in Thälern

gesehen, welche kaum sieben hundert und vierzig Meter
(379 Toisen) über der Meeresfläche erhaben sind. Die
berühmte Fieberrinde von Loxa, welche von der *Cinchona
lanceifolia* specifisch verschieden, und eine fast unbeschriebene, in den Blättern der *Cinchona glandulifera* der *Flora
peruana* ähnliche Art ist, wächst zwischen neunzehn hundert
und zwey tausend fünf hundert Meter (1000 und 1300 Toisen)
Höhe. Sie ist bisher blofs zwischen 3° 50′ und 5° 14′ südlicher Breite entdeckt: nämlich in der Provinz Loxa, blofs
zwischen den Bergflüssen Zamora und Cachiyacu; in der
Provinz Jaen de Bracamorros, um das kleine indianische
Dorf Sagique, und im nördlichen Theile von Peru, um
Huancabamba; während dafs die orangenfarbene China,
die rothe, gelbe und weisse (*Cinchona ovalifolia*), sich in
den von einander entlegensten Theilen der andesischen
Gebirge finden. Die Fieberrinde von Loxa (*Cascarilla fina*),
welche wir in dem zweyten Hefte unserer *Plantæ æquinoctiales*, unter dem Namen *Cinchona condaminea* beschreiben, um nicht neuen Misverstand durch den Ausdruck
Cinchona officinalis [1] zu verursachen, wächst auf Gneifs
und Glimmerschiefer, auf feuchtem aber felsigem Boden.

---

[1] Linne's *Cinchona officinalis* ist ein Gemisch dreyer Species, der *Cascarilla
fina* von Loxa, welche La Condamine, wenn gleich etwas unvollkommen,
gezeichnet, und der *Cinchona lanceifolia* und *Cinchona cordifolia*, welche Herr
Mutis zu verschiedenen Zeiten nach Upsal sandte. *Cinchona macrocarpa* Vahl,
ist die Mutische *Cinchona ovalifolia*, die mit sechs bis sieben Staubfäden variirt,
und welche Linne wahrscheinlich nie sah. Die *Cinchona lanceifolia* Mut., die
wahre *Calisaya* von Santa-Fé, nennt Ruiz *Cinchona angustifolia*, und hat sie
unter diesem Namen in *Supplemento a la Quinologia*, 1801, p. 21, gut abge-

Jahrhunderte lang auf das unbedachtsamste von den China-
Schälern (*Cascarilleros*) verfolgt , ist sie selbst in den
berufenen Chinawäldern von Caxanuma und Uritusingu so
selten geworden , dafs man in einer Tagereise oft nur
wenige Stämme davon sieht. Gegenwärtig werden auf Be-
fehl der Regierung nur wenige Bäume dieser Species (vielleicht kaum neun hundert) jährlich gefällt, während dafs
vor 1779 man oft in einem Jahre fünf und zwanzig tausend zerstörte.

Mehrere Reisende haben versichert, Chinabäume in den
kältesten Gebirgsebenen (Paramos), nahe am ewigen Schnee,
etwa vier tausend sechs hundert Meter (2358 Toisen) hoch,
angetroffen zu haben. Aber wahrscheinlich hat botanische
Unkunde einige Arten grofsblättriger Weinmannien, oder
die *Wintera grenadensis* mit dem Genus *Cinchona* ver-
wechselt , weil jene Alpenpflanzen , wegen ihres häufigen
Gerbestoffs (tannin) , bisweilen ebenfalls mit Vortheil als
Fiebertreibende Mittel in den spanischen Colonien gebraucht
werden. Wir haben keinen wahren Chinabaum tiefer gegen
das Meer hin , als sieben hundert Meter (359 Toisen) ,
und höher als zwey tausend neun hundert Meter (1487
Toisen) gesehen. Denn mehrere Pflanzen der heifsen

bildet. Mit dieser Species ist synonym die *Cinchona nitida Flor. Peruv.*, welche
Ruiz sonst *Cinchona officinalis* nannte, wie auch (nach Zea) *Cinchona lanceo-
lata Flor. Per.*, oder *Cinchona glabra* Ruiz. Die *Cinchona ovata Flor. Per.* ist
die *Cinchona cordifolia* Mut., und *Cinchona longiflora* Mut. ist identisch mit
Cinchona grandiflora Flor. Per. Die *Cinchona dissimiliflora* hat *stamina exserta,
folia oblongo-cordata,* und *corollæ limbum tubo longiorem.* Die *Cinchona angustifolia* des Swartz ist nicht mit *Cinchona angustifolia* Ruiz zu verwechseln.

meeresgleichen Ebenen, als zum Beyspiel die Fieberrinde
der Philippinen, welche unser verewigter Freund Cavanilles
beschrieben, Forsters *China* der Südsee [1], und der so eben
in der Insel Cuba, in dem wasserreichen Thale der Guines
entdeckte, und für *Cinchona* gehaltene Baum, gehören ·
wahrscheinlich zu einem der *Cinchona* nahen, aber von
ihr verschiedenen Geschlechte.

Ähnliche chemische Produkte werden oft von Pflanzen
erzeugt, die in ihrer äussern Struktur grofse Verschiedenheit zeigen. *Caoutschuc* wird aus den Säften der *Ficus*,
der *Hevea*, der *Cecropia*, der *Castilloa*, mehrerer Euphor-
bien, und einer baumartigen *Lobelia* abgeschieden. Cam-
pher ist in Pflanzen enthalten, welche nicht einmal zu
einer Familie gehören. In Asien findet er sich in einem
Laurus; in Süd-Amerika hat ihn Hänke bey Ayopaya, in
den fruchtbaren Gebirgen von Cochabamba, in einem didy-
namischen Strauche entdeckt. Die Frucht der *Myrica
cerifera* gibt dasselbe Wachs, welches der Schaft der
Wachspalme (*Ceroxylon andicola*) ausschwitzt. Eben so
scheint das fieberheilende Princip der *China*, gleich dem
Gerbestoffe und der Galbussäure, in ganz verschiedenen
Pflanzengeschlechtern enthalten zu seyn. Der Cusparebaum
der Ebene von Carony und Upatu (dieses langblättrige
prachtvolle Gewächs, welches den *Cortex angosturæ* oder
die guayanische Fieberrinde liefert) gehört nicht zu dem
Genus *Cinchona*. Eben so wenig gehört dazu die *Cuspa*

---

[1] *China philippica*, Cav. Icon. IV, t. 329. *China corymbifera*, Forst. Acta Upsal.
Nov. III, p. 176.

5

oder *China* von Cumana, deren Blüthe wir uns freylich noch nicht haben verschaffen können, welche aber
wechselsweise stehende Blätter (*folia alterna*) und keine
Spur von Afterblättern (*stipulæ*) hat. Dennoch würde ein
Chemiker leicht die Infusion der *Cuspa* mit der gelben
Fieberrinde von Santa-Fé (*China cordifolia*, Mutis) verwechseln. Westlich von Popayan, an den Küsten des
Südmeers, bey Atacamez, wächst ein Baum, dessen Rinde
viele Eigenschaften der *Cinchona* und *Wintera* hat, und
doch wahrscheinlich zu keinem dieser beyden Geschlechter
gehört. Die Fieberrinde von Cayenne gibt die *Coutarea*,
ein Aublet'sches Genus, zu dem die *Portlandia hexandra* [1]
gehört. Die Organe aller dieser Pflanzen, welche in den
heifsesten Thälern fast in gleicher Höhe mit der Oberfläche
des Meeres wachsen, bilden Produkte, die, ihren chemischen Bestandtheilen nach, denjenigen analog sind,
welche die Cinchona-Arten an unfreundlich kalten Berg-
gehängen zwey tausend acht hundert Meter (1437 Toisen)
hoch hervorbringen.

In der Beschreibung meiner Reise nach den Tropenländern von Amerika, denke ich eine botanische Special-
Karte über das Genus *Cinchona* herauszugeben. Diese Karte
zeigt alle Standorte dieser wohlthätigen Pflanze in beyden
Hemisphären an. Man erkennt auf derselben wie die Cinchona-Arten sieben hundert Meilen lang, vom zwanzigsten
Grade südlicher Breite, bis zum eilften Grade nördlicher

---

[1] Ventenat, Tableau du Règne végétal; II, p. 578.

Breite, auf der Andeskette gruppenweise vertheilt sind. Der ganze östliche Abfall dieser Kette, südlich von Huanuco, bey den Bergwerken von Tipuani, um Apollobamba und Yuracarees, ist ein zusammenhängender China-Wald. Hänke hat ihn bis Santa-Cruz-de-la-Sierra verfolgt. Die *Cinchona* scheint nicht weiter östlich gewandert zu seyn; denn in den brasilianischen Gebirgen hat man sie noch nicht entdeckt, ob diese gleich, wie oben bemerkt worden ist, durch den Bergrücken von Chiquitos mit den Andes von Potosi zusammen hängen. Von der hohen Gebirgs-Ebene von La Paz verbreitet sich das China-Gebüsch nördlich durch die peruanischen Provinzen Guailas und Guamalies bis Huancabamba und Loxa. Ein Arm dieses Gebüsches läuft gegen Osten durch die Provinz Jaen, wo um die berufene Flufsenge (Pongo) von Manseritsche die Uferhügel des Maranion mit Cinchona-Stämmen bekränzt sind. Von den anmuthigen Thälern um Loxa an, dem Garten der Andesischen Gebirge, erstreckt sich die Fieberrinde durch das Königreich Quito bis Cuença und Alausi. Der westliche Abhang des Chimborazo ist reichlich damit bedeckt; aber auf dem hohen Plateau von Riobamba und Quito, wie auf dem der Provinz Pasto, bis Almaguer hin (in diesem Thibet der Südzone), scheint dies köstliche Produkt gänzlich zu fehlen. Sollten Erdbeben und die grofsen vulkanischen Katastrophen, welche diese kalten Gebirgsebenen seit Jahrtausenden erleiden, die Zahl der Pflanzenformen vermindert haben? Sollten bey diesem gänzlichen Umsturz grofser Landesstrecken viele Arten untergegangen seyn?

Wenigstens glauben wir bemerkt zu haben, daſs in dem Plateau von Pasto und Quito die Vegetation weniger mannigfaltig ist, als in anderen Gegenden, welche eben so hoch über der Meeresfläche erhaben sind, und ein nicht minder unfreundliches Klima haben. Nördlich von Almaguer, in der Provinz Popayan, findet man beyde Abhänge der Andeskette auf einmal wieder mit China-Gebüschen geschmückt. Fast ununterbrochen verbreiten sie sich durch die Schneeberge von Quindiu und Tolima, durch die hohe Ebene (La Vega) von Supia, und durch die fruchtbaren Berggehänge um Mariquita, Guaduas und Pamplona, bis zu dem meernahen Gebirge von Santa-Martha und Merida, in dem heiſse Schwefelquellen unter ewigem Schnee hervorbrechen.

Der Sattelberg von Caracas (la Silla de Avila) und das Bergplateau der Provinz Neu-Andalusien, zum Beyspiel die Gegend um das Kapuzinerkloster von Caripe, die Sandsteingebirge des Tumiriquiri, und die berufene Felsschneide (Cuchilla) von Guanaguana, sind alle dreyzehn hundert bis zwey tausend fünf hundert Meter (700 bis 1300 Toisen) über der Meeresfläche erhaben. Sie genieſsen gerade das angenehme Mittelklima, in welchem man nie der Hitze oder Kälte ausgesetzt ist, und in der die *Cinchona* am besten gedeiht. Das Königreich Neu-Spanien hat ebenfalls Gebirgsabhänge, deren Boden-Höhe und andere physikalischen Verhältnisse genau denen der Provinz Loxa und anderer chinareichen Länder ähnlich sind. Dennoch hat man weder in der Provinz Neu-Andalusien

(Cumana), noch in Mexico, bis jetzt eine Cinchona-Art entdeckt. Vielleicht liegt die Ursache dieser sonderbaren Erscheinung in der *geringen* Höhe der Hügel, welche an die hohen Gebirge von Guamocò und Santa-Martha gren‐ zen. Die Andeskette fällt plötzlich ab, ja sie verschwindet fast ganz zwischen dem noch wenig bekannten Golf von Cupique und der vielarmigen Mündung (dem Delta) des Atracto. Die Landenge von Panama ist niedriger als die geringste Höhe in der die *Cinchona* wächst. Vielleicht hat diese wohlthätige Pflanze in ihrer Wanderung gegen Norden unübersteigliche Hindernisse in dem allzu heifsen Klima der angrenzenden Länder gefunden? Vielleicht würden die Gebirge von Caracas und Paria, wie die von Mexico, mit China-Büschen geschmückt seyn, wenn der Rücken der Andes in gleicher Höhe von den Schneebergen von Santa-Martha, gegen Osten, und von denen von Tolima und Erve, gegen Norden, fortliefe. Diese Gründe bietet die Naturlehre dar. Aber ist das Factum selbst unbestreitbar? mufs man die Hoffnung ganz aufgeben, dafs nicht künftig einmal in dem Dickigt der Wälder von Xalappa, östlich von der Stadt Mexico, China entdeckt werden sollte; um Xalappa, wo auf jeden Schritt Milde des Klima's, Luft‐ feuchtigkeit, Felsboden, baumartige Farrenkräuter, hohe immerblühende Melastomen, und viele andere, mit der *Cinchona* in Neu-Grenada und Peru gesellig wachsende Pflanzen, dem Botaniker diese Entdeckung zu verkündigen scheinen? Der Ostküste von Süd-Amerika hat die Natur in der Coutarea, dem Königreich Neu-Spanien, in einer

fiebertreibenden *Portlandia*, welche Sesse beschreiben wird,
und den nordamerikanischen Freystaaten, in dem Michaux-
schen Genus *Pinknea* [1] (Bartrams *Mussœnda bracteolata*),
Pflanzenformen gegeben, welche der der *Cinchona* in
vielen Blüthentheilen analog sind.

In der milden Region der Fieberrinde wachsen in Süd-
Amerika einige Liliengewächse : zum Beyspiel, *Cypura* und
Sisyrinchium, Melastoma - Bäume mit prachtvoll grofsen
violetten Blumen, die strauchartige *Bocconia*, vielfarbige
Alströmerien, und baumartige hochstämmige Passifloren,
hoch und dick, wie unsere norddeutschen Eichen. Hier
erheben sich das glänzende *Macrocnemum*, der prachtblu-
mige *Wotschi* [2] (*Cucullaria*), die gelben *Lysianthus*, und
der Weinbaum des indianischen Gebirgevolks, die *Uva
camarona* (Pavon's *Thibaudia*), ein Genus, welches nahe
bey *Vaccinium* und *Ceratostema* steht. Unter dem Schatten
balsamischer Styraxbäume bedecken hier immergrüne Laub-
Moose, *Kœhlreutera*, *Weissia*, *Dicranum* und *Tetraphys*,
den vom häufigen Nebel feuchten Boden. Die Wasserrisse
dieser Bergzone verstecken an steilen Abhängen Dorstenien,
Gunnera, *Oxalis* und eine Menge unbeschriebener Arum-
Arten.

---

[1] *Pinknea pubescens;* S. Persoons treffliche *Synopsis plantarum*, I, p. 197.

[2] Aublet's *Vochy* ist das Genus *Cucullaria* in dem Willdenow'schen Pflanzen-
systeme, und die *Carola* der *Flora Bogotensis*. Herr Mutis zählt drey Arten
dieses Geschlechts. Folgende Charaktere hat er mir aus seinen Manuscripten
zu entlehnen erlaubt : 1. *Carola augusta*, fol. ovatis acuminatis (die Aublet'sche
Species); 2. *Carola gumifera*, fol. obovatis verticillato - ternis; 3. *Carola grandiflora*, fol. verticillatis oblongis.

In siebzehn hundert Meter (872 Toisen) Höhe, findet sich *Porlieria hygrometrica*, der wetterverkündigende Strauch, den Ruiz und Pavon zuerst beschrieben haben; *Citrosma*, mit aromatisch duftenden Blättern und Früchten; *Hypericum baccatum* und *cayanense*, zahlreiche *Eroteum* und Symplocos-Arten. Höher hinauf als bis zwey tausend zwey hundert Meter (1128 Toisen), habe ich keine Mimose gefunden, deren Blatt sich bey der Berührung zusammenzieht. Die Bergkälte scheint der Reitzbarkeit dieses Pflanzengeschlechts diese bestimmte Grenze anzuweisen. Von zwey tausend sechs hundert Meter (1332 Toisen) an, und besonders in einer Höhe von drey tausend Meter (1539 Toisen), bilden *Acæna*, *Dichondra*, *Nierembergia*, *Hydrocotile*, *Nerteria* und *Alchemilla* einen dichten Rasen. Diefs ist zugleich die Region der *Weinmannia*, der Eichen und der *Spermacocce*. *Barnadisia* und der andesische *Berberis* bilden hier Hecken um die Kartoffel- und Quinoa-Felder. Die scharlachblumigen Mutisien umranken hier die Stämme der *Vallea stipularis*. Eichen beginnen in den äquatornahen Regionen der Andes nicht unterhalb siebzehn hundert Meter (872 Toisen); aber unter dem 17ten und 22sten Grade nördlicher Breite, im Königreich Neu-Spanien, habe ich sie am Gebirgsabhange bis acht hundert Meter (410 Toisen) herabsteigen sehen. Sie allein bieten dem Bewohner der Tropen bisweilen ein schwaches Bild vom Erwachen der Natur im wiederkehrenden Frühlinge dar : denn sie verlieren durch Dürre alle Blätter auf einmal, und das junge frische Grün der neuen Schöfslinge kontrastirt dann

angenehm, in der eintretenden Regenzeit, mit den viel-
farbigen Blüthen des *Epidendrums*, dessen Wurzeln die
schwarzen rissigen Eichenäste dicht umschlingen.

Ein Baum wundersamer Struktur, aus der Malvenfamilie,
der *Cheiranthostemon*, über welchen Herr Cervantes eine
eigene Monographie zu Mexico herausgegeben, gehört ebenfalls dieser Höhe der Eichen-Region an. Bis jetzt ist er
noch nicht in den, dem Äquator nächstgelegenen Ländern
entdeckt worden. Es war lange ein allgemeiner Glaube,
als existire in der ganzen bekannten Welt nur ein einziges
Individuum dieser Pflanze, der uralte Arbol de las Manitas,
Macpalxochiquahuitl, welcher nahe bey der Stadt Toluca [1],
zwey tausend sechs hundert und siebzehn Meter (1345
Toisen) über dem Meere, auf einem Porphyr-Felsen wächst.
Mit dem Boabab in Senegambia, mit dem Drachenbaum von
Teneriffa, und der kolossalischen Mimosa in den Thälern
von Aragua [2], ist der *Cheiranthostemon* von Toluca unstreitig
einer der ältesten Bewohner unserer Erde, und, wie jene,
verjüngt er sich jährlich noch in Blüthe und Frucht.
Neuerdings hat man mehrere Individuen dieses sonderbaren
Geschlechts in dem Königreich Guatimala entdeckt; und
da der Baum von Toluca sich fast in den Ringmauern der
alten Stadt findet, so wird dadurch wahrscheinlich, dafs
er *gepflanzt* worden sey: denn die Gärten von Iztapalapan,
deren Reste Hernandez noch gesehen, bezeugen, dafs die

---

[1] Das alte Tolocan, die Hauptstadt der Provinz der Matlanziger, westlich
von Mexico.
[2] Westlich von der Stadt Caracas, el Zamang del Gueire genannt.

Aztequen (die man für Barbaren verschrieen) Sinn für die Kultur seltener Pflanzen hatten.

Unter dem Äquator finden sich *hohe* Bäume, das heifst solche, deren Stamm fünfzehn bis zwanzig Meter (45 bis 60 Fufs) erreicht, selten höher als zwey tausend sieben hundert Meter (1383 Toisen) über der Meeresfläche. Schon in der Höhe der Stadt Quito fangen die Bäume an zu erkranken, und ihr Wuchs ist nicht mehr mit dem zu vergleichen, den sie in den milderen Thälern in der Mittelzone, zwischen zwölf hundert und achtzehn hundert Meter (615 und 923 Toisen) erreichen. Um so häufiger sind hier strauchartige Gewächse. Ich nenne diese *Region* die der *Barnadesia* oder der *Duranta Ellisü* und *Duranta Mutisii :* denn diese drey Pflanzen und die *Berberis* charakterisiren die Vegetation der hohen und rauhen Gebirgsebene von Pasto und Quito, so wie die hohlstämmige *Polymnia* (*Arbol loco*), und der durch Wohlgeruch berauschende Datura-Baum, die Vegetation von Santa-Fe-de-Bogota besonders auszeichnen. In der *Region der Barnadesia* wachsen *Castilleja integrifolia*, *Castilleja fissifolia*, *Columella*, das prachtvolle silberblättrige *Embothryum emarginatum*, und eine *Clusia*, deren Blume nur vier Staubfäden enthält. Der Boden ist hier mit einer grofsen Anzahl von Calceolarien geschmückt, deren hochgelbe Blätter angenehm mit dem frischen Grün des moosigen Rasens kontrastirt. Die Natur hat diesen Calceolarien einen Erdstrich angewiesen, welcher sich von Chile aus nicht weiter gegen Norden, als bis 1° 40′ nördlicher Breite erstreckt. Ruiz,

Pavon und Hänke, welche in der Südzone weiter als ich
vorgedrungen sind, können einst bestimmen, wie weit
dieses Pflanzengeschlecht gegen den Südpol zu gewandert ist.
Noch höher auf dem Rücken der Andeskette, zwischen
zwey tausend acht hundert und drey tausend drey hundert
Meter (1437 und 1693 Toisen), liegt die *Region der Win-*
tera grenadensis und der Escallonia. Diese unwirthbaren
Gegenden (welche die Spanier wegen der dort ewig herr-
schenden schlackig-feuchten Kälte *Paramos* nennen) sind
mit strauchartigen Gebüschen bedeckt. Der niedrige Stamm
dieser Gebüsche breitet sich in zahllose knorrige, durch
den Sauerstoff der Atmosphäre halb verkohlte Äste aus,
und trägt eine schirmartige Krone mit kleinen, aber immer-
grünen, glänzenden, lederartigen Blättern. Einige Stämme
der orangenfarbenen Fieberrinde (*Cinchona lanceifolia*),
einige Rhexien und Melastomen mit dunkel-violetten, fast
purpurfarbigen Blüthen, verlieren sich in diese Einöden.
Alstonia, deren Blätter einen süfslich schmeckenden, aber
sehr heilsamen, stärkenden Thee[1] geben; *Escallonia tubar*
und einige Andromeda-Arten beschatten hier niedrige
Lobelien, Basellen und die stets blühende *Swertia qua-*
dricornis.
Fast alle baumartigen Gewächse, selbst die mit niedrigem
Stamme, hören in drey tausend fünf hundert Meter (1795
Toisen) Höhe auf. Nur am Vulkan Pichincha, in einem
engen Thale, das vom Ziegelfels des Pichincha (vom Cono

---

[1] El The de Bogota.

de los Ladrillos) herabkommt, vier tausend ein hundert
Meter (2103 Toisen) über dem Meere, haben wir noch
eine sonderbare Gruppe baumartiger Syngenesen entdeckt,
deren Stamm sieben bis acht Meter (etwa 22 Fuſs) erreicht.
Die nahen Mauern von Basalt-Porphyr mildern die Kälte
dieser Gegend.

An die *Region der Escallonia* grenzt unmittelbar die der
Alpen-Kräuter, welche sich von drey tausend drey hundert bis vier tausend ein hundert Meter (1693 bis 2103
Toisen) erstreckt. Hier wachsen gesellig die Gentianen,
Stæhelinen, und die berufene *Espeletia frailexon*, welche
im Thal von Bogota[1] sogar bis zwey tausend sechs hundert
acht und siebzig Meter (1375 Toisen) herabsteigt, und
deren dickwollige Blätter oft den Indianern, wenn sie die
Nacht auf den eisigen Gebirgsgipfeln überfällt, zum Bette
dienen. In dieser Höhe, und bisweilen schon von fallendem
Schnee Tage lang bedeckt, überziehen den felsigen Boden
Lobelia nana, *Sida pichinchensis*, *Ranunculus Gusmani*,
Ribes frigidum, *Gentiana quitensis*, und mehrere andere
Alpenkräuter, welche wir in den nächsten Heften unserer
Plantæ æquinoctiales beschreiben werden. Unter den strauch-
artigen Gewächsen sind die Molinen die, welche wir am
Vulkan von Puracé bey Popayan, und am Antisana, die
gröſste Höhe erreichen gesehen.

---

[1] Ich habe den *Frailexon* um die Kapelle de Nuestra Senora del Egypto
gefunden. Diefs ist eine merkwürdige Ausnahme : denn seine *untere Grenze* ist,
nahe am Äquator, drey tausend neun hundert Meter (2000 Toisen) über
dem Meere.

Die *Alpen-Kräuter* werden zwischen vier tausend ein
hundert und vier tausend sechs hundert Meter (2103 und
2358 Toisen) durch die *Region der Gräser* [1] verdrängt.
Jarava, *Stipa*, viele neue Arten von *Panicum*, *Avena*,
Agrostis und *Dactylis*, bedecken gesellig den Boden, und
diese Grasflur leuchtet von ferne als ein hochgelber Teppich,
den man im Lande mit dem Wort *Paxonal* bezeichnet.
Der Schnee ruht oft Wochen lang auf dieser Höhe, und
die Kameelschafe (*Llama's*) steigen dann, vom Hunger
getrieben, zur Region der Alpenkräuter herab.

In vier tausend sechs hundert Meter (2358 Toisen) Höhe,
findet man unter dem Äquator kein phanerogamisches Gewächs mehr. Von dieser Grenze an, bis zu der des ewigen
Schnees, beleben sparsam kryptogamische Pflanzen die
verwitternde Rinde des nackten Gesteins. Einige scheinen
sich selbst unter dem ewigen Eise zu verstecken: denn
gegen den Gipfel des Chimborazo hin, fünf tausend fünf
hundert vier und fünfzig Meter (2850 Toisen) über der
Meeresfläche, habe ich auf einer vorstehenden scharfkan-
tigen Felsklippe (Grate) noch zwey Flechten, *Umbilicaria
pustulata* und *Verrucaria geographica*, vegetirend gefunden.
So ist Leben in allen Räumen der Schöpfung verbreitet.
Aber diese einsamen Pflanzen waren auch die letzten
organischen Wesen, welche wir in diesen beeisten Höhen
an dem Boden geheftet gefunden haben.

Bis hieher ist die Vertheilung der Pflanzen geschildert

---

[1] La Condamine, Voyage à l'Équateur, p. 48.

worden, welche das Naturgemälde der Tropenländer darbietet. Ehe wir zu den Erscheinungen des Luftkreises
oder zu denen der thierischen Schöpfung übergehen, wollen wir einen vergleichenden Blick auf die *Vegetation
unsers nördlichen Welttheils* werfen. Wie sehr wäre es zu
wünschen, dafs man diese Vegetation in einer ähnlichen
Skizze darstellte, als ich über die der Tropen-Region zu
liefern gewagt habe! Wie viele Materialien hat der nie
ermüdende Fleifs der Botaniker nicht bereits dazu gesammelt! Wie viel ist nicht in den klassischen Schriften eines
Jacquin, Schreber, Pallas, Wulfen, Willdenow, Ehrhart,
Weber, Link, Host, und vieler anderen vorbereitet! Die
berühmten Naturforscher, welche die Schweizer-Alpen,
die Gebirge von Tyrol, Salzburg und Steyermark durch-
strichen haben, könnten, wenn sie Höhenmessungen mit
ihren botanischen Beobachtungen genugsam verbunden hätten, genauere Pflanzenkarten entwerfen, als man je über
die unzugänglichere und minder bereiste Andeskette hoffen
darf. Vielleicht aber ist niemand im Stande die Geographie
europäischer Alpenpflanzen fruchtbarer zu bearbeiten, als
Herr Ramond, der so viele Jahre lang die höchsten Gipfel
der Pyrenäen erstiegen, und geognostische, botanische und
mathematische Kenntnisse mit dem reinsten Sinn für phi-
losophische Naturbeobachtung verbindet.

Ich habe oben die Gründe entwickelt, aus denen unter
dem 45sten Breitengrade die Phänomene der Pflanzenvertheilung weder so konstant, noch so mannigfaltig seyn
können, als unter dem Äquator. Der Ätna, die Gebirge

von Haikia (Armenien), und der Pic von Teneriffa beweisen hinlänglich, dafs je weiter man gegen Süden vordringt,
desto schneidender sich die Pflanzenformen in verschiedenen
Bergzonen von einander absondern. Doch ist auch in
unserm nördlichen Theile des gemäfsigten Himmelsstriches
diese Absonderung schon auffallend genug, um sie in einem
eigenen Bilde darzustellen. Man könnte in der Mitte desselben die Höhe von vier tausend sieben hundert fünf und
siebzig Meter (2450 Toisen) andeuten, zu der die grofse
europäische Gebirgskette sich im Montblanc erhebt. Der
Abfall dieser Kette müfste auf einer Seite sanfter gegen das
Nordmeer, auf der andern südlichen Seite, gegen das mittel-
ländische Meer hin, steiler abgebildet werden. Hier erinnern
Chamærops, Dattelpalmen, und viele Pflanzen des Atlas,
dafs ein wahrscheinlich ehmals trocknes, seit der samo-
thracischen Fluth mit Meerwasser gefülltes Kalksteinthal,
Europa von Nord-Afrika getrennt hat. Der ewige Schnee
würde in diesem *Naturgemälde der gemäfsigten Zone* bis
zwey tausend sechs hundert Meter (1332 Toisen) über der
Meeresfläche, also bis auf eine Grenze herabsteigen, in der
unter dem Äquator noch die Wachspalme, die Fieberrinde
und andere hohe Bäume in voller Vegetationskraft stehen.
Die Zone, welche in Europa zwischen den Küstenländern
und der Schneegrenze enthalten ist, hat demnach kaum
die Hälfte der Breite als die ihr ähnliche unter den Tropen, während dafs die Schneehaube, welche die höchsten
Gebirge Europens (den Montblanc und Mont-Rose) bedeckt,
sechs hundert Meter (307 Toisen) breiter als die ist, welche

den Gipfel des Chimborazo einhüllt. Auf den nackten und steilen Felsen, welche zwischen dem ewigen Schnee hervorragen, höher als drey tausend ein hundert Meter (1590 Toisen) über der Meeresfläche, wachsen in den Bergen, welche den Montblanc umgeben, *Androsace chamæjasma*, Jacq.; *Silene acaulis*, die Saussure drey tausend vier hundert acht und sechzig Meter (1780 Toisen) hoch gefunden, die aber auch bis fünfzehn hundert Meter (769 Toisen) in die Ebene herabsteigt; *Saxifraga androsacea*, *Cordamine alpina*, *Arabis cærulea*, Jacq., und *Draba hirta*, Villars, (*Draba stellata*, Willd.). Bis zu diesen beeisten Höhen wandern auch allmählig aufwärts von der Ebene aus *Myosotis perennis* und *Androsace carnea*, deren Stengel immer niedriger und niedriger wird. Die letztere ist endlich einblumig, und nimmt den ganzen Gebirgsabfall zwischen tausend und drey tausend ein hundert Meter (513 und 1590 Toisen) ein. In den Pyrenäen sind, in zwey tausend vier hundert bis drey tausend vier hundert Meter (1230 und 1744 Toisen) Höhe, die Klippen mit *Cerastium lanatum*, Lamarck, *Saxifraga grœnlandica*, *Aretia alpina* und *Artemisia rupestris* bedeckt. Das *Cerastium lanatum* findet man nicht einmal unterhalb zwey tausend sechs hundert Meter (1332 Toisen).

Zwischen zwey tausend fünf hundert und drey tausend ein hundert Meter (1281 und 1590 Toisen) Höhe, bilden auf dem Steingerülle, das den ewigen Schnee der Schweizer-Alpen begrenzt, inselförmige Gruppen *Saxifraga biflora* (Allionii), *Saxifraga oppositifolia*, *Achillea nana*, *Achillea atrata, Artemisia glacialis, Gentiana nivalis, Ranunculus alpestris, Ranunculus glacialis,* und *Juncus trifidus.* Etwas tiefer, zwischen drey tausend und fünfzehn hundert Meter (1539 und 769 Toisen), beobachtet man auf den Pyrenäen *Potentilla lupinoides,* Willd., *Silene acaulis, Sibbaldia procumbens, Carex curvula* und *Carex nigra,* Allion., *Sempervivum montanum* und *Sempervivum arachnoideum, Arnica scorpioides, Androsace villosa* und *Androsace carnea.* In den Schweizer-Alpen, zwischen zwey tausend drey hundert und zwey tausend sieben hundert Meter (1179 und 1383 Toisen), da wo der ewige Schnee und der hohe Gletscher nicht an nacktes Gestein, sondern an fruchtbare Dammerde grenzt, in Wiesen vom Schneewasser getränckt, blühen *Agrostis alpina, Saxifraga aspera, Saxifraga bryoides, Soldanella alpina, Viola biflora, Primula farinosa, Primula viscosa, Alchemilla penta-phylla, Salix reticulata, Salix retusa* und *Salix herbacea,* welche höher als irgend ein andres Strauchgewächs an den Bergen hinansteigt. Selbst *Tussilago farfara* und *Scatice armeria* verirren sich von der Ebene bis zu zwey tausend sechs hundert Meter (1332 Toisen) Höhe. In gleich luft-dünnen Regionen wachsen in den Pyrenäen *Scutellaria alpina, Senecio persicifolius, Ranunculus alpestris, Ranun-culus parnassifolius, Galium pyrenaicum,* und *Aretia vitaliana.* Unterhalb der Grenze des ewigen Schnees, zwi-schen fünfzehn hundert und zwey tausend fünf hundert Meter (769 und 1281 Toisen), findet man in der Alpen-kette *Eriophorum Scheuchzeri, Eriophorum alpinum,*

Gentiana purpurea , *Gentiana grandiflora* , *Saxifraga stellaris*, *Azalea procumbens*, *Tussilago alpina*, *Veronica alpina* , *Poa alpina* , *Pinus cembra* und *Pinus larix*; am nördlichen Abhange der Pyrenäen, *Passerina geminiflora*, *Passerina nivalis*, *Merendera bulbocodium* [1], *Crocus multifidus* , *Fritillaria meleagris* , und *Anthemis montana*. Etwas tiefer zeigen sich , um den Montperdu und in anderen spanischen Grenzgebirgen , *Genista lusitanica* , *Ranunculus Gouani* , *Narcissus bicolor* , *Rubus saxatilis* , und eine Menge schöner Gentianen. Die Alpenrose, *Rhododendrum ferrugineum* [2], liebt in Savoyen und in der Schweitz eine Höhe von fünfzehn hundert bis zwey tausend fünf hundert Meter (769 und 1281 Toisen). Doch hat Herr Candolle, dem ich gröfstentheils vorstehende Beobachtungen über die Höhe schweitzerischer Alpenpflanzen verdanke , sie in der Jurakette in der tiefen Schlucht des Creux-du-vent, also kaum in neun hundert siebzig Meter (497 Toisen) Höhe gefunden. In den bairischen und tyroler Alpen beginnt die Alpenrose zwischen acht hundert und tausend Meter, oder zwischen 410 und 513 Toisen. Nach Graf Sternberg's Beobachtung, nähert sich *Rhododendrum chamæcistus* weniger der Ebene, als *Rhododendrum ferrugineum* und *Rhododendrum hirsutum*. Die beyden letzteren wachsen übrigens sowohl auf uranfänglichem als auf Flözkalkstein , in den *Sette communi* und dem Berg Sumano ,

---

[1] Desfontaines hat diese Pflanze auch am Atlas gefunden.

[2] Ramond , Mémoire sur la végétation des montagnes, in *Annales du Muséum d'hist. natur. vol.* 4, *p.* 396.

der ein tausend zwey hundert sieben und siebzig Meter (656 Toisen) hoch ist.

Die rankende *Linnea borealis*, welche bey Berlin, in Schweden, in Pensylvanien, und an der Nordwestküste von Nord-Amerika, in Nutka-Sund, in gleicher Höhe mit der Meeresfläche wächst, erscheint in den Schweitzer-Alpen erst auf Gebirgsabhängen, die fünf hundert bis sieben hundert Meter (162 bis 227 Toisen) über dem Ocean erhaben sind. Man hat diesen birkenähnlichen Strauch im Wallis, am Ufer des Bergstroms der Tête-noire, und bey Genf (nach Saussure) am Voirons entdeckt. Gouan behauptet, dafs sie auch in Frankreich bey Espinouse, in der Gegend von Montpellier, vorkomme.

Unter dem Äquator haben diejenigen Bäume, welche man auf einer Höhe von drey tausend fünf hundert Meter (1795 Toisen) beobachtet, kaum fünf bis sechs Meter (15 Fufs) hohe Stämme. Nur im Königreich Neu-Spanien findet man die merkwürdige Ausnahme, dafs unter 20 Grad nördlicher Breite eine Tannenart, welche dem *Pinus strobus* nahe verwandt ist, bis drey tausend neun hundert Meter (2000 Toisen), ja dafs mehrere·Eichenarten bis drey tausend ein hundert Meter (1590 Toisen) Höhe, an den Gebirgsabhang hinaufsteigen. Wer mit diesem sonderbaren Phänomene der Pflanzen-Geographie, mit diesem Lokaleinflusse des mexikanischen Klimas unbekannt ist, hält es für unmöglich, dafs (unter den Tropen) Berge, die er mit hohen Tannen bis an die Spitze bewachsen sieht, doch den Ätna, und selbst den Pic von Teneriffa, an Höhe

übertreffen. Herr Ramond beobachtet, dafs in den Pyrenäen
die zu den beeisten Gipfeln am höchsten ansteigenden
Bäume, die gemeine Kiefer (*Pinus sylvestris*) und *Pinus
mugho* sind. Beyde nehmen eine Zone zwischen zwey
tausend und zwey tausend vier hundert Meter (1026 und
1230 Toisen) ein. *Abies taxifolia* und *Taxus communis*
erscheinen in den Pyrenäen erst vierzehn hundert Meter
(718 Toisen) hoch über dem Meere. Sie erheben sich bis
zu Gebirgen von zwey tausend Meter (1026 Toisen) Höhe.
Die Buche (*Fagus sylvatica*) wächst zwischen sechs hundert und achtzehn hundert Meter (307 und 923 Toisen).
Aber unsere Steinciche (*Quercus robur*), welche die Ebene
am Fufse der Pyrenäen bedeckt, erhebt sich kaum bis zu
sechzehn hundert Meter (821 Toisen). Sie wandert demnach vier hundert Meter (205 Toisen) weniger hoch, als
der *Taxus;* acht hundert Meter (410 Toisen) weniger
hoch, als die Mugho-Tanne. So hat, selbst an grofsen europäischen Gebirgen, jede Baumart ihre bestimmte Zone.

Herr Ramond hat mir sehr interessante Beobachtungen
über die gröfste und geringste Höhe mitgetheilt, in welcher
sich Pflanzen einer Gattung finden. Ich glaube den Physikern einen angenehmen Dienst dadurch zu leisten, dafs
ich einige dieser Messungen, welche mit vortrefflichen
Werkzeugen angestellt sind, hier einschalte. Ich wähle die
Gattungen *Gentiana , Daphne , Primula , Ranunculus ,
Saxifraga* und *Erica* zur Probe aus. Am Abhange der
Pyrenäen ist beobachtet worden:

			Meter			Toisen
Gentiana. .	pneumonanthe . . zwischen	0 u.	800 od. zwisch.	0 u.	410
	verna	600 —	3000	307 —	1539
	acaulis	1000 —	3000	513 —	1539
	campestris	1000 —	2400	513 —	1230
	ciliata.	1200 —	1800	615 —	923
	lutea	1200 —	1600	615 —	821
	punctata, *Villars.*	1600 —	2000	821 —	1026
Daphne . .	laureola.	300 —	2000	153 —	1026
	mezereum	1000 —	2000	513 —	1026
	cneorum	2000 —	2400	1026 —	1230
Primula[1]. .	elatior	0 —	2200	0 —	1128
	integrifolia.	1500 —	2000	769 —	1026
	villosa.	1800 —	2400	923 —	1230
Ranunculus	aquatilis	0 —	2100	0 —	1077
	Gouani.	500 —	2000	256 —	1026
	thora	1400 —	2000	717 —	1026
	pyrenæus	1500 —	2400	769 —	1230
	alpestris	1800 —	2600	923 —	1332
	amplexicaulis . . .	1800 —	2400	923 —	1230
	nivalis	2000 —	2800	1026 —	1437
	parnassifolius . . .	2400 —	2800	1230 —	1437
	glacialis	2400 —	3200	1230 —	1642
Saxifraga. .	tridactylides. . . .	0 —	100	0 —	51
	geum	400 —	1600	205 —	821
	longifolia.	800 —	2400	410 —	1230
	aizoon	800 —	2400	410 —	1230
	pyramidalis	1200 —	2000	615 —	1026
	exarata	1400 —	1800	718 —	923
	cespitosa	1600 —	3000	821 —	1539
	oppositifolia. . . .	1600 —	3400	821 —	1744
	umbrosa	1400 —	1800	718 —	923
	granulata.	1200 —	1600	615 —	821
	grœnlandica. . . .	2400 —	3400	1230 —	1744
	androsacea.	2400 —	3400	1230 —	1744

[1] Ein scharfsinniger und unermüdeter Naturforscher, Graf Sternberg, bemerkt, dafs *Primula marginata, Primula viscosa,* und *Primula farinosa* in den Tyroler-Alpen fast nie unter acht hundert Meter (410 Toisen) Höhe gefunden werden. Nur die letztere (eine sonderbare Ausnahme!) wächst bey Regensburg auf niedrigen Hügeln.

			Meter			Toisen
Erica....	vagans ....zwischen	o u.	900 od. zwisch.	o u.	461	
	vulgaris....... ———	o — 2000	———	o — 1026		
	tetralix....... ———	5oo — 24oo	———	256 — 123o		
	arborea....... ———	55o — 7oo	———	281 — 359		

Unter den Saxifragen der Tyroler-Alpen bemerkt man eben᾽ diese Regelmäfsigkeit in der Höhe ihres Standorts. Der Graf von Sternberg, welcher diese Gebirge untersucht, und von dem wir bald eine interessante Beschreibung des Monte-Baldo zu erwarten haben, bemerkt, dafs *Saxifraga cotyledon* und *Saxifraga aizoon* schon im romantischen Eisackthale, zwischen Brixen und Botzen, etwa drey hundert und fünfzig Meter (178 Toisen) über der Meeresfläche beginnen. Man kann ihnen folgen bis auf den Gipfel der Grappa bey Bassano, in sechzehn hundert vier und achtzig Meter (865 Toisen) Höhe. Sie nehmen demnach eine breitere Zone als in den Pyrenäen ein. *Saxifraga cæsia, Saxifraga aspera,* und *Saxifraga androsacea* zeigen sich erst in einer mittlern Höhe von sieben hundert Meter (359 Toisen), in den bairischen und tyroler Alpen. Zunächst auf sie folgen, gegen den Gipfel der Gebirge zu, *Saxifraga autumnalis, Saxifraga muscosa, Saxifraga moschata,* und *Saxifraga petræa.* Die zu höchst wachsenden Saxifragen sind, nach eben diesem Beobachter, *Saxifraga burseriana* und *Saxifraga bryoides.* Beyde bedecken selbst die öde Kuppe des lombardischen Monte-Baldo, in zwey tausend zwey hundert sechs und zwanzig Meter (1143 Toisen) Höhe.

Aber um die Pflanzen-Geographie vollständig zu bearbeiten,

müfste man nicht blofs Naturgemälde für die *Polarländer*, für die *gemäfsigte Zone* zwischen dem 4osten und 5osten Grade der Breite, und für die *Aquatorial-Regionen* entwerfen; man müfste auch einzelne botanische Karten für die *nördliche* und *südliche* Hemisphäre, und für den *alten* und *neuen Kontinent* liefern. Die Pflanzen von Chiloe und Buenos-Ayres sind specifisch von den griechischen und spanischen verschieden. Die Tropenländer von Afrika und die gemäfsigten Himmelsstriche von Asien besitzen eine Vegetation, welche mit der süd- und nord-amerikanischen nur wenige Gewächse gemein hat. Madagascar, dessen hohe Granitberge Commerson für Schneeberge erklärt, und an dessen Küsten noch neuerlichst Herr du Petit-Thouars herborisirt hat, der Adamsberg auf Selan (Ceilon), und der Ophyr auf Sumatra, der, nach Marsden's Beobachtung, eine Höhe von drey tausend neun hundert sechs und vierzig Meter (2027 Toisen) übersteigt, könnten dem messenden Botaniker wichtige Materialien über die Pflanzenvertheilung in den Gebirgszonen des alten Kontinents liefern.

Herr Barton in Philadelphia, der mit rastlosem Eifer Zoologie, Botanik und indianisches Sprachstudium umfafst, beschäftigt sich mit der Geographie der Gewächse in dem gemäfsigten Erdstriche des neuen Kontinents. Er hat im Jahre 1800 der philosophischen Societät von Pensylvanien eine Abhandlung über diesen Gegenstand vorgelesen, welche noch ungedruckt, aber voll der wichtigsten Untersuchungen ist. Er bemerkt darinn, dafs die Zahl ursprünglich

wildwachsender, Nord-Amerika und Nord-Europa gemeinschaftlich zugehörender Pflanzen, weit geringer ist, als
man gewöhnlich glaubt. Nicht einmal *Sonchus oleraceus*
ist einheimisch in dem erstern Welttheile. *Mitchella repens*
ist, nach Barton, die Pflanze, welche in den nordamerikanischen Freystaaten den gröfsten Raum einnimmt. Er
findet sie von 28° bis 69° nördlicher Breite. Auch *Arbutus
uva ursi* erstreckt sich von New-Yersey an bis 72°, wo
Hearne sie beobachtet hat. Dagegen sind auf den engsten
Raum eingeschränkt *Gordonia Francklinii*, und die wundervoll reitzbare *Dionœa muscipula*. Die Mündung des
Ohio in den Missisipy, und die Ufer des letztern bedecken
prachtvolle Pyramidal-Pappeln, *Populus deltoides*, Marshal,
und *Salix nigra*. Der Astronom, Herr Ellicot [1], bemerkt,
dafs die letztere südlicher als 31° Breite sehr selten wird.
Dagegen beginnen dort am untern Missisipy die mit *Til-
landsia usneoides* bedeckte *Cupressus disticha*, *Laurus
borbonia*, *Acer negundo*, *Magnolia grandiflora*, *Juglans
Pacan* oder *illinoinensis* (der schöne *Juglans* mit haselnufs-
artigen Früchten, *Juglans rubra*, Gärtner), und *Miegia
macrosperma*, Persoon (*Arundo gigantea*, Barton), ein
sechs und dreyfsig bis zwey und vierzig Fufs hohes Schilf,
das zwischen 30° 40′ und 32° 2′ nördlicher Breite ein
dichtes undurchdringliches Gebüsch bildet. Sehr, sehr
wichtig für die Pflanzen-Geographie ist die Bemerkung des
Herrn Barton, dafs dieselben Species westlich von der

---

[1] *Travels to the Missisipy*, p. 286.

Gebirgskette der Alleghany weiter gegen Norden wandern,
als in den östlichen atlantischen Ländern, das heifst, als
in dem schmalen Striche, welcher zwischen dem östlichen
Ocean und dem Gebirge enthalten ist.

	Oestlich von den Alleghany-Mountains		Westlich von den Alleghany-Mountains.	
Æsculus flava	reicht bis 36°	nördl. Breite	— bis 42°	nördl. Breite.
Juglans nigra.	———— 41°	————	— bis 44°	————
Aristolochia sypho . . .	———— 38°	————	— bis 41°	————
Nelumbium luteum . .	———— 40°	————	— bis 44°	————
Gleditsia triacanthos. .	———— 38°	————	— bis 41°	————
Gleditsia monosperma .	———— 36°	————	— bis 39°	————
Glycine frutescens . . .	———— 36°	————	— bis 40°	————

Überall ist der westliche Erdstrich milder, als der
östliche Theil der nordamerikanischen Freystaaten. Baumwolle wird mit Vortheil in Tennesee gebaut, und erträgt
nicht das Klima gleicher Breite in Nord - Carolina. Die
östliche Küste der Hudsonsbay ist öde und pflanzenleer,
während dafs die westliche mit Vegetabilien geschmückt
ist. Selbst in der Vertheilung der Thiere bemerkt Herr
Barton ähnliche Verhältnisse. Die Klapperschlange (*Crotalus
horridus*) findet sich östlich von den Alleghany - Bergen
nur bis 44 Grad, aber westlich von denselben bis 47
Grad nördlicher Breite. Fehlt es den nord-amerikanischen
Freystaaten an Gebirgen, die sich mehr als zwey tausend
Meter über die Meeresfläche erheben (denn die nicht in
ewigen Schnee reichenden White - Mountains von New-
Hampshire können nicht, wie Cutler und Belknap behaup-
ten, drey tausend zwey hundert fünf und dreyfsig Meter

oder 1660 Toisen hoch seyn): so sind sie dagegen mit desto mannigfaltigeren Gewächsen geziert. Pensylvanien, Carolina und Virginien haben fast zweymal so viel Eichenarten, als ganz Europa hochstämmige einheimische Bäume besitzt. Unter derselben Breite ist in Nord-Amerika der Anblick der Vegetation mannigfaltiger und mahlerischer, als in unserm Welttheile. Gleditsien, Tulpenbäume und Magnolien bilden dort mahlerische Kontraste mit dem dunkeln Grün der *Thuya* und Tannen. Die Natur hat sich gleichsam bestrebt, den Boden der Freyheit mit ihren schönsten Pflanzenformen zu schmücken.

So viel von dem Theile meines Naturgemäldes, welches die Vertheilung der Gewächse betrifft. Ich gehe nun zu anderen physikalischen Verhältnissen über; denn diese Arbeit ist dazu bestimmt, alles zu umfassen, was als *veränderlich* durch die Höhe des Standorts betrachtet werden kann. Vierzehn Scalen, welche das Bild einschliefsen, enthalten gleichsam das Resultat von dem, was die Naturlehre in ihrem gegenwärtigen Zustande in Zahlen darbietet. Diejenigen derselben, welche die Luftwärme, die elektrische Spannung und den hygrometrischen Zustand der Atmosphäre, den Sauerstoffgehalt, die Himmelsbläue, die geognostischen Verhältnisse, die Kultur des Bodens und die Wohnplätze der Thierarten angeben, gründen sich auf meine eigenen Erfahrungen. Ich darf mir schmeicheln, dafs selbst dem Naturphilosophen, der alle Mannigfaltigkeit der Natur den Elementaractionen Einer Materie zuschreibt, und der den Weltorganismus durch den nie entschiedenen

Kampf [1] widerstrebender Kräfte begründet sieht, eine solche Zusammenstellung von Thatsachen wichtig seyn mufs. Der Empyriker zählt und mifst, was die Erscheinungen unmittelbar darbieten : der Philosophie der Natur ist es aufbehalten, das allen Gemeinsame aufzufassen und auf Principien zurückzuführen.

Luftwärme.

Die, in dem Naturgemälde, der Luft gewidmete Scale drückt den höchsten und niedrigsten Thermometerstand aus, welcher von fünf hundert zu fünf hundert Meter (250 Toisen) Höhe unter den Tropen beobachtet wird. Eine grofse Zahl eigener Beobachtungen, oft von Stunde zu Stunde angestellt, sind zur Bestimmung der mittlern Temperatur angewandt worden; eine Mittelzahl, welche natürlich durch alle Beobachtungen und nicht etwa durch die Extreme begründet ist. Auch sind Lokalverhältnisse, besonders die, welche die nördliche Grenze des Krebswendekreises darbietet, geflissentlich vernachläfsigt worden. So liest man, zum Beyspiel, in meiner Zeichnung, dafs an den Küsten, in gleicher Höhe mit der Oberfläche des Meeres, das hunderttheilige Thermometer nicht unterhalb 18°,5

---

[1] Auf diesen, das Leben in der Natur erhaltenden, Kampf scheint der uralte Trimurti, die Dreyeinigkeit der Hindus, hinzudeuten. Als der Unsterbliche und Ewige, der Parabrahma, vom Berge Meru herab die Weltregierung anordnete, befahl er dem Shiwa zu zerstören, dem Visnu zu erhalten, und dem Brahma, mitten im Widerstreit der beyden Gottheiten, fortfahrend zu zeugen und zu schaffen.

herabsinkt, ungeachtet man es in der Hauptstadt der Insel
Cuba, in der Havana, und weiter östlich, in Matanzas, oft
auf + 1°,4 gesehen hat. Aber diese, für niedrige Tropenländer so überaus auffallende, Winterkälte findet auch nur
in einer Gegend Statt, die schon volle dreyzehn Breitengrade nördlicher, als die Zone liegt, bis zu der ich mein
Naturgemälde erstrecke. Sie ist Folge der wüthenden Nord-
stürme, welche die kalten Luftschichten des allzu nahen
Kontinents über die Insel Cuba jagen. In dem nur wenig
südlichern, aber von Nord-Amerika fernern Santo-Domingo
erhält sich das Thermometer, in den Ebenen, das ganze
Jahr hindurch, zwischen 20° und 31°,2 (16° und 25° R.).
Es bedarf übrigens wohl kaum der Bemerkung, daß alle
angegebenen Thermometer-Beobachtungen im Schatten und
fern vom Reflex der strahlenden Wärme angestellt worden
sind.

HÖHEN ÜBER DER MEERESFLACHE.		HÖCHSTE LUFTWÄRME.	NIEDRIGSTE LUFTWÄRME.	MITTLERE LUFTWÄRME.
METER	TOISEN			
0 bis 1000	0 bis 500	+ 38°,4	+ 18°,5	+ 25°,3
1000 bis 2000	500 bis 1000	+ 30,0	+ 12,5	+ 21,2
2000 bis 3000	1000 bis 1500	+ 23,7	+ 1,2	+ 18,7
3000 bis 4000	1500 bis 2000	+ 20,0	± 0,0	+ 9,0
4000 bis 5000	2000 bis 2500	+ 18,7	— 7,5	+ 3,7
5000 bis 6000	2500 bis 3000	+ 16,0*	— 10,0*	— 2*

Die Zahlen, welche diese Tafel für Höhen angibt, die
fünf tausend Meter (2565 Toisen) übersteigen, sind von

minderer Genauigkeit, da diese grofsen Höhen bisher zu
wenig und auf zu kurze Zeit besucht worden sind, um ihre
mittlere Temperatur bestimmen zu können. Die Kälte, welcher wir auf den höchsten Gipfeln der Andeskette ausgesetzt
gewesen sind, ist, dem Ausspruch des Thermometers nach,
nie sehr beträchtlich; aber die mindere Menge des einge-
athmeten Sauerstoffs (als Folge der Luftdünne), die Asthe-
nie des Nervensystems[1], und andere noch wenig ergründete
Ursachen machen diese Bergkälte für das Gefühl fast uner-
träglich. Die französischen und·spanischen Akademiker haben, in ihrer Hütte am Vulkan Pichincha, in einer Höhe von
vier tausend sieben hundert fünf und dreyfsig Meter (2428
Toisen), das hunderttheilige Thermometer nur 6° unter dem
Eispunkte herabsinken sehen. Am Chimborazo, nahe an
seinem Gipfel, zeigte mir diefs Instrument noch — 1°,8. Ja
am Vulkan Antisana, auf der beträchtlichen Höhe von fünf
tausend vier hundert und drey Meter (2773 Toisen), fanden wir im Schatten eine Wärme von 19°. Der Sonne ausgesetzt, war diese Wärme so grofs, dafs wir uns entkleideten,
ungeachtet wir zwey tausend fünf und sechzig Meter (1060
Toisen) höher als der Ätna, und sechs hundert sieben und
zwanzig Meter (323 Toisen) höher als der Gipfel des Mont-
Blanc waren.

An Orten, welche man für die heifsesten der Erde hält,

---

[1] Besonders des gastrischen Systems, alles dessen, was mit dem untern After-
gehirn, dem Plexus cœliacus, zusammenhängt : daher in grofsen Berghöhen die
Neigung zum Erbrechen, eine Bergkrankheit, wie das Seeübel, *mal de mer.*

in Cumana, La Guayra, Carthagena de Yndias, Huayaquil (dem Hafen von Quito), an den Ufern des Magdalenen- und Amazonenflusses, ist die mittlere Luftwärme 27°, wenn sie in Paris und Rom 11°,9 und 15° ist. Aber in eben diesen heißen Gegenden des neuen Kontinents erreicht das Thermometer, Trotz der Nähe des Äquators, sehr selten die Höhe, auf welcher wir es sehr häufig selbst im nördlichsten Europa beobachten. Ich habe die Gelegenheit gehabt, ein Tableau von mehr als ein und zwanzig tausend Beobachtungen zu untersuchen, welche Don Bernardo de Orta, ein königlich-spanischer Seeofficier zu Vera-Cruz, mit vortrefflichen Instrumenten angestellt hat. In dreyzehn Jahren ist in diesem, (wie Senegambia) wegen seiner schwülen Hitze berufenen, und dazu noch von Flugsand umgebenen, Hafen das Thermometer nur dreymal über 32° und nie über 35°,6 (28°,5 R.) gestiegen, während daß man es in Berlin, Petersburg, Wien und Paris oft genug auf 36° gesehen. An dem letztern Orte stieg es, den 14ten August 1773, gar bis 38°,7, oder bis 30°,9 nach der alten Reaumür'schen Eintheilung. Desto verschiedener ist die mittlere Temperatur. In Vera-Cruz beträgt diese im Mai, Junius, Julius, August und September 27°,5, und das furchtbare adynamische Fieber, welches unter dem Namen *Vomito prieto* bekannt ist, richtet Verheerungen an, so oft die mittlere Luftwärme des Monaths 23°,7 übersteigt. In den äquatornahen Regionen sind die Extreme der größten und geringsten Wärme 20°; in Europa, unter dem 48sten und 50sten Breitengrade, sind sie bis 62° von einander entfernt. Über das, was man sehr gewagt Temperatur des innern

Erdkörpers nennt, mag ich nicht entscheiden. Die Quell-
wasser geben diese Temperatur (wie ein vortreffllicher Beobachter, Herr von Buch, gefunden) sehr genau an. Nach diesem Maasstabe ist das Innere der Erde unter den Tropen
kühler als man vermuthen sollte. Ich habe in der Provinz
Cumana, auf drey hundert neun und achtzig Meter (200
Toisen) Höhe, die Quellen zu 22°,5 (18° R.); auf sieben
hundert neun und siebzig Meter (400 Toisen) Höhe, zu 21°
(16°,8 R.); bey Caraccas, auf tausend drey hundert vier
und zwanzig Meter (680 Toisen) Höhe, zu 16°,2 (13° R.),
gefunden. Diese Wärmegrade sind alle geringer, als die
mittlere Temperatur der genannten Standorte.

An der Meeresküste oder in den unübersehbaren Steppen
(*Lianos*) von Calabozo und Cari [1] erwärmt sich, während
der sechs Monathe, in denen es nie regnet, dermafsen der
Boden, dafs *Sesuvium*, *Gomphrena*, *Thalinum*, *Kyllingia*,
einige Mimosen und andere niedrige Kräuter, welche der
Wind halb im Sande vergräbt, eine Hitze von 53° ertragen.
In der schwarzen Erde, die den Vulkan von Jorullo, in
Neu-Spanien, umgibt, stieg mein Thermometer bis 60°; und
doch ist diese, vom Krater im Jahr 1759 ausgeworfene
Erde schon hie und da mit Vegetation bedeckt. Dagegen
erdulden *Swertia quadricornis*, Stähelinen, *Espeletia frai-
lexon* und andere Alpenpflanzen der hohen Andeskette das

---

[1] Die Steppe zwischen der Bergkette, längs der Küste von Caraccas und dem
Apure und Nieder-Orinoco; so eben, dafs sie überall das Bild des Meer-
Horizonts darbietet.

ganze Jahr hindurch, aufser den wenigen Stunden, wo die Sonne den ewigen Nebel durchbricht, eine Kälte von + 3°,5. Diese Alpenpflanzen und die Palmen bezeichnen gleichsam die Extreme der botanischen Thermometer-Scale.

Die mittleren Luftwärmen, welche das Naturgemälde von tausend zu tausend Meter (500 zu 500 Toisen) Höhe angibt, stellen die *Abnahme der Wärme* unter dem Äquator vom Meeresspiegel bis zu den höchsten Berggipfeln dar. Wenn meine Beobachtungen genau und zahlreich genug gewesen sind, so mufs diefs Resultat richtiger seyn, als man es fast je für Europa wird ausmitteln können. Diesen Vorteil gewährt in den Tropenländern des neuen Kontinents die grofse Erhebung des Bodens. Hier findet man Dörfer, welche noch vier hundert Meter (200 Toisen) höher liegen, als die Spitze des Pico de Teneriffa, und in welchen Physiker einen interessanten und nicht sehr beschwerlichen Wohnort finden können. In Europa dagegen ist es schwer, bestimmte Begriffe von der mittlern Temperatur gleichhoher Luftschichten zu erlangen. Diejenigen, welche zwischen drey tausend und fünf tausend Meter (1500 und 2500 Toisen) liegen, werden selten besucht; und selbst Luftreisen, eines der wichtigsten und unbenutztesten Mittel für die Erweiterung der Meteorologie, können ihrer Natur nach nicht oft genug angestellt werden, um die Abnahme der Luftwärme mit völliger Genauigkeit auszumitteln.

Aus meinen Beobachtungen scheint zu folgen, dafs diese Abnahme, in der Andeskette, oberhalb drey tausend und fünf hundert Meter (1795 Toisen), in Verhältnifs von 5 : 3

schneller ist, als in den Luftschichten zwischen der Meeresküste und zwey tausend und fünf hundert Meter (1281
Toisen). Diejenige Schicht, in welchen die allmählige Erkal-
tung gleichsam einen Sprung macht und plötzlich schnell
zunimmt, ist zwischen zwey tausend fünf hundert Meter
und drey tausend fünf hundert Meter (1250 und 1750
Toisen), zwischen der Höhe des Gothard und des Ätna
enthalten. Freylich kann man leicht einsehen, wie viel die
strahlende Wärme, welche durch die Unebenheiten, durch
die Natur und Farbe des Bodens mannigfaltig bestimmt
wird, auf dieses, von mir in den Andes beobachtete, Gesetz
der Wärmeabnahme Einfluß haben muß : freylich würde
ein Aeronaute, der sich unter dem Äquator, fern von den
Gebirgen, zum Beyspiel über der Meeresfläche oder in den
unermeßlichen Ebenen des Amazonenlandes erhöbe, dieß
Gesetz wahrscheinlich etwas anders modificirt finden. Doch
ist zu vermuthen, daß diese Verschiedenheit der Resultate
sich nicht weit über vier tausend Meter (2052 Toisen) Höhe
erstrecken würde : denn in diesen luftdünnen Regionen ist
die *Masse* der Berggipfel, selbst in der Andeskette, schon
geringe. Sie bieten daselbst nicht mehr so beträchtliche Ebenen dar, und der Einfluß strahlender Wärme kann daher
dort nur geringe seyn.

Auf der Reise, welche ich im Junius 1802 nahe bis an
den Gipfel des Chimborazo gemacht, habe ich die Abnahme
der Wärme zu hundert sechs und neunzig Meter (101 Toisen)
für jeden Grad des hunderttheiligen Thermometers gefunden.
Aus den mittleren Temperaturen zwischen dem Meeresspiegel

und fünf tausend fünf hundert Meter (2823 Toisen) Höhe
(Mittelzahlen, die auf verschiedenen Wegen gefunden worden sind), ergeben sich hundert vier und neunzig Meter
(100 Toisen) für jeden Thermometergrad.[1] Saussure nimmt
für den Sommer hundert sechs und fünfzig Meter (90 Toisen), für den Winter zwey hundert drey und dreyßig Meter
(111 Toisen) an. Eine noch auffallendere Übereinstimmung
bietet die letzte grofse Luftreise meines Freundes, des Herrn
Gay-Lussac, dar. Dieser scharfsinnige Physiker fand im Sommer über Paris genau dieselbe Abnahme der Wärme, welche ich lange vorher für den Äquator bestimmt hatte. Er
beobachtete (während dafs das Thermometer in Paris 30°
zeigte), in einer Höhe von fünf tausend Meter (2565 Toisen), Eiskälte ($\pm$ 0°). In sechs tausend Meter (3078 Toisen)
Höhe stand das Thermometer 3° unter dem Gefrierpunkte.
Hieraus folgt zwischen 0 und fünf tausend fünf hundert
Meter (2823 Toisen) eine Wärmeabnahme von hundert
drey und achtzig Meter (95 Toisen) für jeden Thermometergrad. Rechnet man für alle Luftschichten von der Ebene
bis sechs tausend neun hundert sieben und siebzig Meter
(3580 Toisen) Höhe, so ergibt sich eine Abnahme von
hundert drey und siebzig Meter (87 Toisen). Ich habe an

[1] Wirft man einen Blick auf die mittlere Wärme verschiedener Orte der
gemäfsigten Zone, so bemerkt man, dafs zwischen vierzig und sechzig Grad
nördlicher Breite ein Grad Temperatur-Verschiedenheit zwey Breitengraden
zukömmt. Wer also unter den Tropen zwey tausend fünf hundert Meter (1281
Toisen) an dem Abhange der Andeskette ansteigt, gelangt vom Klima von Berlin in das von Rom.

einem andern Orte in einer, der ersten Klasse des National-
Instituts vorgelesenen, Abhandlung [1] entwickelt, wie in dem
Luftmeere, in welches unsre feste Erdmasse eingetaucht ist,
oberhalb vier tausend sieben hundert Meter (2411 Toisen)
Höhe, die geographische Breite die Temperatur nur wenig
modificirt, und wie Herr Gay-Lussac (in 48° nördl. Breite)
in den hohen Luftschichten überall genau denselben Thermometerstand beobachtete, welchen ich nahe am Äquator,
in gleichen Höhen, auf der Expedition nach dem Gipfel
des Chimborazo, gefunden hatte.

Die Phänomene der Horizontal-Refraction, mit deren
Theorie Laplace gegenwärtig beschäftigt ist, scheinen auf
den ersten Blick dieser gleichen Abnahme der Wärme in
Luftregionen, die vom Äquator, der geographischen Breite
nach, so ungleich entfernt sind, entgegen zu seyn. Diese
Refraction, welche man seit Bouguer's Zeiten um vier bis
fünf Minuten geringer in den Tropenländern, als in der
gemäfsigten Zone annimmt, lassen nähmlich in den ersteren
auch eine schnellere Abnahme der Wärme vermuthen. Aber
man mufs nicht vergessen, dafs, nach Delambre's neueren
Beobachtungen, die Horizontal-Refraction in Europa weit
kleiner, und, nach Le Gentil, in Ostindien unter den Tropen weit gröfser ist, als man sie gewöhnlich angibt. In Europa kennen wir dazu noch sehr wenig die Wärmeabnahme
während der Wintermonathe; und da die Horizontal-Refrac-

---

[1] Mémoire sur la limite inférieure des neiges perpétuelles et sur le décroisse-
ment du calorique dans les hautes régions de l'atmosphère, lu le 5 Frimaire an 13.

tion von *allen* Luftschichten abhängt, welche der Lichtstrahl
durchläuft : so wäre es sehr möglich, dafs eine ungleiche
Abnahme der Wärme in Schichten, welche höher als sieben tausend Meter (3591 Toisen), also jenseits aller bisherigen Beobachtungen liegen, die ungleiche Strahlenbrechung
begründe. In einer Materie, über welche es noch so sehr
an genauen und vervielfältigten Erfahrungen fehlt, ist es
vorsichtiger, statt sich in Vermuthungen zu verirren, die
Resultate, wie sie aus den bisherigen Beobachtungen folgen,
unverändert zu liefern.

Luftdruck.

Der Druck, welchen die Atmosphäre in verschiedenen
Höhen über der Meeresfläche ausübt, ist durch Barometerstände bezeichnet, welche nach der Laplacischen Formel für
barometrische Höhenmessungen berechnet sind. Die Temperatur ist dabey nach dem oben entwickelten Gesetz der
Wärmeabnahme supponirt. Sey X die Höhe in Meter ausgedrückt; H, der Barometerstand an der Oberfläche des
Meeres; T, die Temperatur ebendaselbst; t, die Temperatur,
welche der Höhe X zugehört; und h, endlich, der gesuchte
Barometerstand für X : so ist

$$\text{Log. } m = \frac{X}{18393\left\{1 + \frac{2(T+t)}{1000}\right\}};$$

und hat man so die Zahl m gefunden, so ergibt sich

$$h = \frac{H}{m\left(\frac{1+T-t}{5412}\right)}.$$

Nach dieser Formel findet man von fünf hundert zu fünf
hundert Meter (250 Toisen) folgende Barometerstände.

HÖHEN		MITTLERE TEMPERATUR NACH DEM HUNDERTTHEILIGEN	BAROMETERHÖHEN.	
ÜBER DER MEERESFLACHE				
IN METER.	IN TOISEN.	THERMOMETER.	IN METER.	IN LINIEN.
M	T	°	M	L
0	0	+ 25,3	0,76202	337,8
500	256	+ 24,0	0,71961	319,03
1000	513	+ 22,6	0,67923	301,18
1500	769	+ 21,2	0,64134	284,28
2000	1026	+ 20,0	0,60501	268,24
2500	1282	+ 18,7	0,57073	253,05
3000	1539	+ 14,4	0,53689	238,06
3500	1795	+ 9,0	0,50418	223,50
4000	2052	+ 6,4	0,47417	210,20
4500	2308	+ 3,7	0,44553	197,55
5000	2565	+ 0,4	0,41823	185,40
5500	2821	— 3,0	0,39206	173,84
6000	3078	(— 6,0)	0,36747	162,95
6500	3334	(— 10,0)	0,34357	152,38
7000	3591	(— 13,0)	0,32035	142,61
7500	3847	(— 16,0)	0,30068	133,36

Die mittleren Luftwärmen oberhalb sechs tausend Meter
(3000 Toisen) sind hier abermal wenig genau, da sie sich
nicht auf unmittelbare Erfahrungen, sondern nur auf die,
in tieferen Regionen beobachtete Wärmeabnahme gründen.
Saussure hat das Barometer auf dem Gipfel des Mont-Blanc
bis 0,43515 Meter (16 Zoll 0,9 Linie) herabsinken sehen.

La Condamine und Bouguer [1] fanden auf dem Corazon (südlich von der Stadt Quito) 0,42670 Meter (15 Zoll 9,2 Linien). Ich bin auf dem Chimborazo zu einer Höhe gelangt, in welcher das Barometer nur 0,37717 Meter (13 Zoll 11,2 Linien) zeigte. Aber Herr Gay-Lussac hat in seiner aerostatischen Reise eine Luftdünne ertragen, welche durch einen Barometerstand von 0,3288 Meter (12 Zoll 1,8 Linie) ausgedrückt wurde.

Die Barometerhöhe am Meeresufer habe ich zu 0,76202 Meter (337,8 Linien) bey einer Wärme von 25° angenommen. So folgt dieselbe aus zahlreichen Beobachtungen, welche ich an den Ufern des atlantischen und des stillen Oceans, in der südlichen und nördlichen Hemisphäre, angestellt habe. Bouguer nahm als Mittelzahl 28 Zoll 1 Linie; der spanische Geometer Don Jorge Juan, 27 Zoll 11,5 Linien an. La Condamine sagt ausdrücklich : « Wenn die mittlere « Barometerhöhe unter den Tropen nicht gar geringer als « 28 Zoll ist, so weicht sie wenigstens nur wenig davon « ab. » Zwey vortreffliche Barometer, welche ich vor meiner Abreise aus Europa, wie alle andere von mir gebrauchte Instrumente, aufs sorgfältigste mit denen der National-Sternwarte zu Paris verglichen hatte, und die ohne alle Beschädigung nach Süd-Amerika gelangten, haben mich gelehrt,

---

[1] La Condamine, *Voyage à l'équateur*, p. 58. « Personne n'a vu le baromètre « si bas dans l'air libre, et vraisemblablement personne n'est monté à une plus « grande hauteur. Nous étions (à la cime du Corazon) à deux mille quatre cent « soixante-dix toises, et nous pouvions répondre, à quatre ou cinq toises près, « de la justesse de cette détermination. »

dafs der mittlere Luftdruck in der heifsen Zone am Meeresufer etwas geringer, als in den gemäfsigten Erdstrichen [1] ist.
Shukburg fand denselben in Europa 0,76301 Meter (28 Zoll
2,24 Linien); Fleuriau Bellevue, 0,76427 Meter (28 Zoll 2,8
Linien), bey einer Lufttemperatur von 12°. Dieser Unterschied nähmlich, welcher zwischen der heifsen und gemäfsigten Zone Statt findet, läfst sich nicht durch den Einflufs
der Wärme allein erklären, um so weniger als in den niederen Ebenen des westlichen Theils von Peru, während dafs
die Sonne vier bis fünf Monathe lang in dickem Nebel eingehüllt ist, das Thermometer bis 15° oder 16° herabsinkt,
ohne den Barometerstand merklich zu afficiren.

Der Luftdruck wechselt in der gemäfsigten Zone in demselben Jahre, ja bisweilen in wenigen Monathen, um 0,045

---

[1] Trotz der Versuche von Shukburg und Fleuriau wäre es doch sehr wünschenswerth, wenn die mittlere Barometerhöhe der europäischen Meere, zum
Beyspiel der Ostsee, des atlantischen, mittelländischen, schwarzen (und caspi-
schen) Meeres, mit *vorher und nachher sorgfältig unter sich verglichenen Instrumenten* ausgemittelt würde. Poleni's und Toaldo's vieljährige Beobachtungen
lehren, dafs dieser mittlere Luftdruck gewissen (wahrscheinlich periodischen)
Veränderungen unterworfen ist. Wollen Physiker in künftigen Jahrtausenden
einst die Frage untersuchen, ob der Luftdruck zu- oder abgenommen hat: so
werden sie mit Recht unsre Trägheit anklagen, mit der wir unterlassen haben,
im 18ten und 19ten Jahrhunderte das Gewicht der Atmosphäre so genau zu
bestimmen, als es unsere dermaligen Werkzeuge erlauben. Mittlerer Luftdruck
an den Ufern des Meeres, Intensität der magnetischen Kraft, Sauerstoffmenge
des Luftkreises, mittlere Wärme und Quantität des gefallenen Regens, sind
Phänomene, über deren Beständigkeit oder Wechsel kommende Jahrhunderte
entscheiden werden, wenn wir diese Entscheidung durch sorgfältige Bestimmungen gegenwärtig vorbereiten. Wie sehr haben die Physiker auch nicht in
dieser Hinsicht die unermüdete Vorsicht der Astronomen nachzuahmen!

Meter (20 Linien). In der Tropenregion zwischen dem 10ten
Grade nördlicher und dem 10ten Grade südlicher Breite,
wo die Passatwinde (der ewig wehende Ostwind) immerfort eine fast gleich warme und also fast gleich dichte Luft
herbeyführen, verändert sich der Barometerstand am Meeresufer nie um mehr als 0,0026 (1,4 Linie), ja auf Gebirgsebenen, die drey tausend Meter (1539 Toisen) über dem
Meere erhaben sind, nie um mehr als 0,0015 Meter (0,7
Linie). So gering aber auch diese Barometerveränderungen
in den dem Äquator nahen Erdstrichen sind, so werden
sie dagegen um so merkwürdiger durch die aufserordentliche Regelmäfsigkeit, der sie von Stunde zu Stunde unterworfen sind. Godin ist unstreitig der erste gewesen, welcher
diesen stündlichen Wechsel, diese Ebbe und Fluth des
Luftmeeres, während seines Aufenthalts zu Quito entdeckt
hat. Doch gibt La Condamine, der uns diese Entdeckung
überliefert, nicht das tägliche und nächtliche Maximum und
Minimum der regelmäfsigen Barometerveränderungen an.
Diese Epochen hat John Farquhar in Calcutta[1], wie Moscley
und Thibaut de Chanvalon[2] in den Antillen, wirklich beobachtet; aber sie stimmen nicht mit denen überein, welche
wir, Bonpland und ich, seit den ersten Tagen unsrer Ankunft in Süd-Amerika wahrgenommen haben, da wir viele
Nächte hinter einander den stündlichen Veränderungen ge-
folgt sind. Wir haben gefunden, dafs die Barometerhöhe

[1] Francis Balfour und John Farquhar, in den *Asiat. researches, vol.* 4.
[2] *Treatise on tropical diseases,* 1792, *p.* 3. Gilbert's vortreffliche Annalen,
B. 6, p. 188.

Morgens um neun Uhr ihr Maximum erreicht hat. Von neun
Uhr bis Mittag sinkt das Quecksilber gewöhnlich nur wenig;
aber diefs Fallen ist stets sehr merklich von zwölf Uhr bis
vier Uhr oder vier Uhr dreyfsig Minuten, wo das Barometer
auf dem niedrigsten Punkte ist. Von diesem Minimum an
steigt es abermals bis eilf Uhr Abends, wo es fast eben so
hoch steht, als um neun Uhr Morgens. Das Barometer sinkt
abermals die ganze Nacht hindurch, vorzüglich von Mitter-
nacht an bis vier Uhr dreyfsig Minuten Morgens. Von diesem zweyten Minimum an erhebt es sich wieder bis neun
Uhr. So gibt es in vier und zwanzig Stunden zwey Ebben
und zwey Fluthen, in denen die nächtlichen kürzer, als
die täglichen sind. Diese kleinen stündlichen Veränderungen
habe ich identisch gefunden, am Ufer des Amazonenflusses,
in Cumana oder im Callao (dem Hafen von Lima an der
Südseeküste). Sie erfolgten zu derselben Zeit, in Gegenden,
die vier tausend Meter (2052 Toisen) über dem Meere erhaben liegen, wie in den Ebenen des spanischen Guayana. Sie
scheinen, und diefs ist am auffallendsten, völlig unabhängig
vom Wechsel der Temperatur oder dem Einflufs der Wit-
terung überhaupt. Wenn das Barometer einmal im Sinken
ist, von ein und zwanzig Uhr bis vier Uhr; wenn es einmal
im Steigen ist, von vier Uhr bis eilf Uhr : so unterbrechen
weder Erdbeben, noch Sturmwind, noch mit heftigen Regengüssen begleitete Gewitter, seinen Gang. Der Sonnenstand
allein scheint diesen zu lenken. [1] An einigen Orten habe ich

---

[1] Die Kenntnifs der stündlichen Veränderungen des Luftdruckes macht selbst
den kleinsten Fehler verschwinden, welchen man unter dem Äquator bey baro-

viele Wochen hinter einander diese stündlichen Variationen
so regelmäfsig gefunden, der Anfang des Steigens und Sinkens
war so bestimmt, dafs die Betrachtung des Barometers
nicht um eine Viertelstunde in der wahren Zeit irren liefs.
Ich hebe hier von den zahlreichen Beobachtungen, die wir
über die stündlichen Barometerveränderungen von unsrer
Reise zurückbringen, folgende aus, welche ich in dem Callao
bey Lima angestellt habe, und welche gleichsam als Typus
für dieses sonderbare Phänomen gelten kann. Das gebrauchte
Barometer war von vorzüglicher Güte. Der Nonius liefs
bequem 0,03 Linie erkennen. Die absolute Höhe der Stände
war, wegen des unberichtigten Niveau's, um 0,9 Linie zu
niedrig. Die Richtung der Pfeile drückt die Epochen des
Steigens und Fallens, gleichsam die Fluth und die Ebbe
des Luftmeeres, aus.

metrischen Höhenmessungen, ohne correspondirende Beobachtungen, begehen
kann. Ist der Barometerstand zu irgend einer Stunde bekannt: so weifs man
bis auf $\frac{2}{10}$ Linie, mit ziemlicher Gewifsheit, wie er zu jeder andern gegebenen
Zeit daselbst seyn wird. Sey Z der mittlere Barometerstand eines Orts der
Tropenländer am Ufer des Meeres, so ist die Barometerhöhe daselbst:

$$Um\ 21.^U = Z + 0,^{Li}5.$$
$$-\ \ 4. = Z - 0,\ 4.$$
$$-\ 11. = Z + 0,\ 1.$$
$$-\ 16. = Z - 0,\ 2.$$

Stündliche Veränderungen des Luftdrucks, am 8ten und 9ten November 1802, an den Ufern der Südsee, in 12° 3′ südlicher Breite und 79° 13′ westlicher Länge von Paris.

STUNDEN. WAHRE ZEIT.	BAROMETER- STAND IN LINIEN.	THERMOMETER AM BAROMETER.	THERMOMETER AN DER FREYEN LUFT UND IM SCHATTEN.	HYGROMETER NACH DELUC.
Uhr Am 8 Nov. um 10½	336,92	19,0	16,3	43,0
11	336,98	19,0	16,2	43,7
13	336,72	19,5	16,2	44
14	336,60	19,5	16,2	42
15	336,65	19,8	16,5	43
↘ 15½	336,62	20,0	16,0	42
16	336,55	19,0	16,0	42
16½	336,80	20,5	16,3	42,5
↗ 17	336,87	22,0	16,4	42
17½	336,95	22,7	17,0	42
20	337,25	23,0	18,0	39
21	337,35	23,0	19,2	37
22½	337,13	24,5	20,4	37,5
0½	336,90	25,5	22,5	34
0¾	336,75	25,9	22,7	34
↘ 3½	336,60	26,0	23,2	34,5
4	336,45	25,5	20,5	33,6
5	336,50	25,5	18,0	37
8	336,85	25,0	16,1	39
9	336,95	22,0	16,5	40
↗ 10	336,97	22,4	16,4	42
11	337,15	20,0	16,4	42
11½	336,90	20,5	16,7	42
13	336,84	20,5	16,7	43

Unerachtet ich mehrmals in diesem Abschnitte diese stündlichen Variationen des Barometers mit dem Phänomen der
Ebbe und Fluth verglichen, und bemerkt habe, dafs sie mit
dem Stande der Sonne in nicht zu verkennendem Zusam-
menhang stehen: so glaube ich doch nicht, dafs sie unmittelbar und allein in der Attraction dieses Weltkörpers
gegründet sind. Wäre hier Anziehung der Massen im Spiel,
wie in der Ebbe und Fluth des Meeres, warum ist es mir
nie geglückt, so viele Nächte ich auch darauf aufmerksam
gewesen bin, Einwirkungen des Mondstandes auf die Barometerhöhe unter dem Äquator zu bemerken? Herr Mutis,
dessen Scharfsinn nichts entgeht, und der sich seit dreyfsig
Jahren mit diesem Phänomene in Santa-Fé (2623 Meter
oder 1347 Toisen über dem Meere) beschäftigt hat, versichert
zwar, daselbst deutliche Spuren dieser Einwirkungen in den
Conjunctionen und Oppositionen entdeckt zu haben. Aber
gesetzt auch, dafs sie wirklich existiren : so scheinen die
stündlichen Barometerveränderungen unter dem Äquator
doch noch zu beträchtlich zu seyn, als dafs sie der Anziehung der Sonne und des Mondes, und der durch sie verur-
sachten Erhebung des Luftmeeres, allein zugeschrieben werden
könnten. Laplace hat in seinem Meisterwerke, in der *Méca-
nique céleste,* gezeigt, dafs diese Anziehung unter den vor-
theilhaftesten Umständen kaum ein Millimeter betragen
könne. Hängt demnach der periodische Wechsel des Luftdrucks fast ausschliefslich von dem Sonnenstande ab, und
hat man Gründe denselben weder der Massen-Attraction
dieses Central-Gestirns, noch den Wirkungen der von

ihm austrahlenden oder wenigstens durch ihn erregten
Wärme zuzuschreiben : so darf man vielleicht irgend einen
Einfluſs des *Sonnenlichtes* auf die Atmosphäre ahnden.
Naturphilosophische Ideen geben diesen Ahndungen ein
gröſseres Gewicht, und Herr Schelling weist an mehreren
Orten seiner Werke[1] scharfsinnig auf die Übereinstimmung
zwischen dem Gange des Barometers und der Magnetnadel
hin. Ich werde bald an einem andern Orte[2] (wenn ich
meine Beobachtungen über Inclination, stündliche Declina-
tion und durch die Zahl der Oscillationen gemessene Intensität der magnetischen Kraft bekannt mache) auf diesen
Gegenstand zurückkommen.

Nahe an dem Wendekreise des Krebses in dem Meerbusen von Mexico, zwischen dem neunzehnten und drey
und zwanzigsten Grade nördlicher Breite, erkennt man bisweilen einen temporären Einfluſs der Wetterveränderungen
auf den Luftdruck. In der Havana und in Vera-Cruz erhebt
der stürmende Nordwind, welcher kalte Luftschichten her-
beyführt, das Barometer um fünf bis sieben Linien. Diesem
Steigen geht ein plötzliches Sinken des Quecksilbers zuvor,
ein Sinken, welches ein wichtiges und jetzt sorgfältig beob-
achtetes Prognosticon für die gefahrvolle Schiffahrt in diesem
Meerbusen ist. Das Barometer erhält sich unveränderlich
hoch, so lange der Sturm wüthet. Kaum ist derselbe vor-
über, so tritt mit den Passatwinden (*la Briza*) auch sogleich

---

[1] Weltseele, S. 151. Neue Zeitschrift für speculative Physik, B. 1, St. 2, S. 169.
[2] In einer Schrift, welche ich mit Herrn Biot in Paris gemeinschaftlich her-
ausgebe.

wieder das regelmäfsige Spiel der stündlichen Barometerveränderungen ein.

Cotte hat durch Vergleichung einer grofsen Anzahl genauer
Beobachtungen ausgemittelt, dafs in Europa der niedrigste
Stand des Quecksilbers im Durchschnitte zwey Stunden nach
Culmination der Sonne, also zwey Stunden früher als unter
dem Äquator eintritt. Wahrscheinlich existiren auch in
unsrer gemäfsigten Zone diese kleinen periodischen Ebben
und Fluthen des Luftmeeres. Vielleicht sind sie nur durch
die vielen Perturbationen einer, an Wärmegehalt und Feuchtigkeit so oft wechselnden, Atmosphäre versteckt, und Mittelzahlen, aus vielen tausend stündlichen Beobachtungen gezogen, würden durch Compensation der störenden Ursachen
die Existenz dieser periodischen Oscillationen des Barometers
auch in Europa erweisen. Ohne Mittelzahlen würde man
ja selbst nie die kleinsten Modificationen in der Ebbe und
Fluth des atlantischen Oceans entdeckt haben.

Ich kann diesen Abschnitt über die Elasticität der Luft
nicht verlassen, ohne eine physiologische Bemerkung hinzuzufügen. Der Barometerstand in der Stadt Quito ist $0,^{M.}5436$
oder 20 Zoll 1 Linie; in der Stadt Micuipampa, im nordöst-
lichen Theile von Peru, $0,^{M.}4962$ oder 18 Zoll 4 Linien. Die
Bewohner der Meyerey Antisana athmen eine Luft, deren
Elasticität durch eine Quecksilbersäule von $0,^{M.}4692$ (17 Zoll
4 Linien) ausgedrückt wird. Herr Gay-Lussac hat das Barometer bis $0,^{M.}3288$ oder 12 Zoll $1\frac{8}{10}$ Linie sinken sehen. Der
Mensch, der in der Ebene an einen Luftdruck von $0,^{M.}7579$
(28 Zoll) gewöhnt ist, widersteht allen diesen Veränderungen.

Die Bewohner jener hohen Gebirgsstädte der Andes (Indianer
und weifse Racen) geniefsen der besten und dauerhaftesten
Gesundheit. Fremde klagen zwar in den ersten Tagen ihrer
Ankunft von der Küste über beschwerliche Respiration,
besonders wenn sie schnell sprechen, oder sich einer starken
Muskelbewegung aussetzen; aber diese Unbehaglichkeit
dauert nur kurze Zeit. Sinkt dagegen das Barometer bis
0,4060 Meter (15 Zoll), alsdann wird der Einflufs der Luftdünne bedeutender. Auf fünf tausend Meter (2565 Toisen)
Höhe fühlt man eine auffallende Ermattung, eine Schwäche
des ganzen Nervensystems. Man fällt leicht in Ohnmacht,
so gering auch die Anstrengung ist, zu welcher man seine
deprimirten Muskeln zwingt. Schwächere Personen fühlen
dabey grofse Neigung zum Erbrechen; und in Höhen, welche
fünf tausend acht hundert Meter (2975 Toisen) übersteigen,
wirkt die, zum Ersteigen der Berge nöthige, starke Muskelbewegung und der Mangel des äufseren Luftdrucks so sehr
auf die Häute der kleinsten Blutgefäfse, dafs das Blut aus
den Lippen, aus dem Zahnfleische und aus den Augen her-
vordringt. Alle diese Erscheinungen wechseln natürlich mit
der Constitution der Individuen.

Saussure hat auf seinen Alpenreisen beobachtet, dafs der
Mensch mehr als der Maulesel der Luftdünne widersteht.
Ich habe im Königreich Neu-Spanien mit vieler Beschwerde
ein Pferd am Cofre de Perote bis drey tausend acht hundert
neun und dreyfsig Meter (1970 Toisen), also hundert und
vier und dreyfsig Meter (69 Toisen) höher als der Gipfel
des Pico de Teneriffa gebracht. Das Thier hatte eine stöh-

nende, beängstigte Respiration, welche nicht als Folge der
Muskelanstrengung zu betrachten war, da die Beängstigung
in tieferen Gegenden verschwand, wo das Gebirge gleich
steil war. Im Ganzen glaube ich bemerkt zu haben, dafs
die weifse Menschenrace in Höhen, welche fünf tausend
acht hundert Meter (2975 Toisen) nahe kommen, minder
leidet, als die eingeborenen kupferfarbigen Indianer.

Der Luftdruck mufs den wichtigsten Einflufs auf die
vitalen Functionen der Pflanzen, besonders auf die Respiration ihrer Integumente äufsern. Unerachtet die meisten
Kryptogamen, und unter den Phanerogamen viele Gräser,
fast gleichgültig für diese Wirkungen des Luftdrucks scheinen:
so sind andere Gewächse dagegen um so empfindlicher für
dieselben. *Swertia quadricornis*, *Espeletia frailexon*, die
Stæhelina der Andeskette und viele Gentianen erheischen
einen Barometerstand von 0,460 und 0,487 Meter (17 bis
18 Zoll). Viele peruanische Alpenpflanzen würden, wenn
man sie nach Europa in die Ebene verpflanzte, daselbst
allenfalls wohl die erforderliche Temperatur, nicht aber
die Luftdünne finden, an welche ihre Organe gewöhnt
sind, und die zu ihrem Gedeihen erforderlich ist.

Feuchtigkeit der Atmosphäre.

Eine eigene Scale des Naturgemäldes stellt die allmählige
Abnahme der Luftfeuchtigkeit unter dem Äquator, vom Ufer
des Meeres bis zu dem Gipfel der Andeskette dar. Die Beobachtungen, aus denen ich diese Mittelzahlen deducirt habe,
sind im Schatten bey vollkommner Himmelsbläue, bald mit

dem Saussure'schen, bald mit dem Deluc'schen Hygrometer
angestellt worden, je nachdem das Instrument die Feuchtigkeit schnell anzeigen sollte, oder es der Luft lange ausgesetzt bleiben konnte. Alle Resultate sind auf Grade des
Saussure'schen Hygrometers und auf die gleiche Temperatur
von 25°,3 reducirt. Saussure's und Dalton's Versuche lehren,
dafs die Correction durch den verschiedenen Luftdruck gänzlich überflüssig ist.

HÖHE IN METER.	THERMOMETER.	HYGROMETER OHNE VERBESSERUNG DURCH DAS BAROMETER.	HYGROMETER AUF 25°,3 TEMPERATUR REDUCIRT.
Von 0 zu 1000 (Meter)	+ 25,3	86	86,0
Von 1000 zu 2000	+ 21,2	80	73,4
Von 2000 zu 3000	+ 18,7	74	64,5
Von 3000 zu 4000	+ 9,0	65	46,5
Von 4000 zu 5000	+ 3,7	54	36,2
. Von 5000 zu 6000	+ 3,0	38	26,7

Diese Tafel wird künftig einmal für die Strahlenbrechung
wichtig seyn, wenn die Theorie der letztern aus mehr umfas-
senden Gesichtspunkten wird betrachtet werden. Die Abnahme der Luftfeuchtigkeit unter dem Äquator beträgt, nach
meinen Versuchen, ungefähr neunzig Meter (46,17 Toisen)
für einen Grad des Saussure'schen Hygrometers.

Trotz der ungeheuren Trockenheit der Luftschichten auf
dem hohen Gipfel der Andes (wo das Hygrometer bis
46° bey einem Thermometerstande von 3°,7 herabsinkt =
Hygrometer 31°,7 Sauss. bey 25°,3 Wärme); Trotz dieser

Trockenheit der Bergluft, sage ich, befindet sich der Reisende gerade in diesen Höhen von zwey tausend fünf hundert bis drey tausend fünf hundert Meter (1283 bis 1796 Toisen) jeden Augenblick in dicken Nebel gehüllt. Dieser Niederschlag (oder diese mysteriöse Wasserbildung?), mag sie Folge oder Ursache einer starken elektrischen Tension seyn, gibt der Vegetation der *Paramos* (oder der hohen Wildnisse) diefs frische, stets sich erneuernde Grün, mit dem sie prangt.

In den tieferen Tropenregionen des neuen Kontinents enthält eine durchsichtige und viele Monathe lang wolkenfreye Luft, eine grofse Menge Wasser. Deluc hat die Existenz dieses latenten Wassers auch in Bengalen, durch die Versuche seines Sohnes, erwiesen. Diese sonderbare Luftbeschaffenheit ist es, welche die Tropenvegetation während der fünf- bis sechsmonathlichen trocknen Jahrszeit erhält. Hätten die Pflanzen nicht in einem so hohen Grade die Fähigkeit, der Luft das Wasser zu entziehen, wie könnte man Bäume und Stauden mit solcher Blätterfülle in Ländern geschmückt sehen, wo, wie zum Beyspiel in Cumana, oft in acht bis zehn Monathen weder Regen, noch Thau, noch Nebel fällt?

In Europa habe ich in der Ebene nie eine Lufttrockenheit unter 46° Sauss. bey einer Wärme von 15° bemerkt. In dem zwey tausend zwey hundert fünf und neunzig Meter (1177 Toisen) über dem Meere erhabenen Thale von Mexico, sinkt eben diefs Saussure'sche Hygrometer meist bis 42° und 44° herab. Wo bleiben die Dünste, welche aus den fünf, die Stadt umgebenden Seen täglich emporsteigen? Denn von der grofsen Masse kochsalzsaurer und kohlensaurer Soda, welche diese hohe Ebene wie mit Schneeflocken bedeckt, werden sie wohl nicht absorbirt. Diese ungeheure Trockenheit der mexicanischen Luft, welche den schädlichsten Einfluſs auf die Gesundheit der Einwohner und auf den Acker- und Gartenbau äuſsert, nimmt täglich zu, da man durch künstliche Kanäle die Seen zu verringern sucht, und da sich die Regenmenge in Neu-Spanien (wie in den Antillischen Inseln) seit fünfzehn Jahren sichtbar vermindert hat. Ist diese Abnahme periodisch, oder hängt sie von groſsen kosmischen Veränderungen ab? Was menschliche Industrie auf der Erdoberfläche umwandelt, ist in so groſsen Landstrichen zu unbedeutend, als daſs, man diesen künstlichen Veränderungen, zum Beyspiel der Ausrottung der Wälder in Nord-Amerika, die Verminderung des Regens, das Seltenerwerden der Orkane, der groſsen elektrischen Explosionen, und selbst das des Nordsturmes zwischen Vera-Cruz und der Mündung des Missisipy zuschreiben dürfte. — Wie groſs muſs nicht vollends die Lufttrockenheit in Persien seyn, wo man, nach Chardin's Bericht, in der Provinz Kerman, Häuser von Steinsalz baut! Aber wann werden Hygrometer in diese Gegenden eindringen?

Der in der Luft enthaltene Wasserdunst tritt, bald durch Erniedrigung der Temperatur, bald durch andere noch wenig ergründete Ursachen, in sichtbare Bläschen zusammen, deren Gruppirung wir mit dem Worte Wolken bezeichnen. Die Höhe ihrer untern Schicht, welche ich oftmals gemessen, scheint unter den Tropen sehr beständig zu seyn. Sie beträgt zu jeder Jahreszeit etwa tausend zwey hundert Meter

(615 Toisen) über der Meeresfläche, und in dieser Höhe muſs man unstreitig den Grund suchen, warum man am Abhange der Cordilleren, in der milden und mittlern Region von Xalappa und Guaduas¹, fast stets in dicken Nebel gehüllt ist. Die gröfste Höhe des dicken Gewölkes scheint mir nahe am Äquator drey tausend drey hundert bis drey tausend sechs hundert Meter (1693 bis 1846 Toisen) zu betragen. Aber die merkwürdigen kleinen Flocken, welche das Landvolk Schäfchen nennt, und deren regelmäfsige, striemartige Vertheilung für eine allgemeine Polarität spricht, sind gewifs acht tausend Meter (4104 Toisen) über dem Meere erhaben. Wir haben diese Schäfchen auf dem Vulkan Antisana noch hoch über uns gesehen. Herr Gay-Lussac erwähnt ihrer auch in der Beschreibung seiner zweyten aerostatischen Reise. Wie specifisch leicht müssen nicht Dunstbläschen seyn, welche sich in so luftdünnen Regionen schwebend erhalten können! In Europa ist, nach Biot's und Gay-Lussac's Messung, die Höhe der untern Wolkenschicht im Sommer ebenfalls tausend ein hundert neun und sechzig Meter (600 Toisen), also der der tiefsten Tropenwolken gleich. In den westlichen Ebenen von Peru lösen sich die Dünste nie in Regen auf. In einem Jahrhunderte hat man kaum ein Beyspiel eines viertelstündigen Regens. Auch sind, der Bauart der Häuser wegen, Regengüsse daselbst eben so sehr als

¹ Xalappa, westlich von Vera-Cruz; Guaduas, im Königreich Neu-Grenada, ein Gebirgsstädtchen, in dem die Vicekönige bey der Ankunft von Spanien ausruhen, um nicht zu schnell von der Hitze des Magdalenen-Stroms in das eisige Klima von Santa-Fe überzugehen.

Erdbeben zu befürchten. Rührt, was man Anziehung der
Wolken gegen die Andeskette nennt, von dem senkrecht
aufsteigenden Luftstrome her, den der Granitsand der er-
wärmten Ebenen erregt?

Die gröfste Trockenheit, welche Menschen je in den hohen
Luftschichten beobachtet haben, ist die, welche ebenfalls Herr
Gay-Lussac in fünf tausend zwey hundert sieben und sechzig Meter (2700 Toisen) Höhe fand. Bey einem Thermometerstande von + 4° sank das Saussure'sche Hygrometer bis
27°,5 herab. Reducirt man diefs auf die Temperatur von
25°,3, welche im Sommer in den Ebenen herrscht: so erhält
man eine Lufttrockenheit von 21°,5 des Saussure'schen Hygrometers.

Die mittlere Regenmenge, welche in den äquatornahen
Gegenden in einem Jahre fällt, beträgt 1,89 Meter (70 Zoll).
In sehr feuchten Gegenden, zum Beyspiel in Huayaquil
und Cumanacoa, fallen bis 2,43 Meter (90 Zoll). In Europa
beobachtet man im Durchschnitte 0,69 Meter (22 Zoll). Aber
nahe an der Alpenkette, zum Beyspiel, bey Genf, hat man
(nach einem Durchschnitte von neun Jahren) im Mitteljahre [1]
0,87 Meter (32 Zoll 7 Linien, nähmlich 31 Zoll 6 Linien
Regen, und 1 Zoll 1 Linie Schneewasser) gefunden. In Europa fällt in einer Stunde selten 0,009 Meter (4 Linien)
Regenwasser; in Huayaquil habe ich 0,035 Meter (1 $\frac{1}{4}$ Zoll)
fallen sehen.

---

[1] Pictet, Bibl. Britan. 1805, n.° 223, p. 152.

Elektrischer Zustand der Luft.

So wie man gegen den Gipfel der Andeskette ansteigt, sieht man die elektrische Tension der Atmosphäre in eben dem Mafse zunehmen, als Wärme und Feuchtigkeit abnehmen. Die Resultate, welche die elektrometrische Scale auf dem Naturgemälde enthält, gründen sich auf Versuche, welche ich auf verschiedenen Höhen in beyden Hemisphären mit einem Elektrometer angestellt habe, dessen 1,4 Meter langer Conduktor, nach Volta's Vorschlag, mit brennendem Schwamm armirt war. Die tiefen Luftschichten der Tropenländer, von der Oberfläche des Meeres bis zu einer Höhe von zwey tausend Meter (1026 Toisen), zeigen gewöhnlich nur eine sehr geringe elektrische Ladung. Nach zehn Uhr Vormittags habe ich oft nur mit Mühe einige Bewegung in dem empfindlichsten Bennet'schen Elektrometer beobachtet. Alle Elektricität scheint indefs in den Wolken angehäuft zu seyn, und gerade dieser Mangel des Gleichgewichts zwischen den oberen und unteren Luftschichten erregt heftige elektrische Explosionen, welche periodisch sind und gewöhnlich in der Ebene zwey Stunden nach der Culmination der Sonne, also während des Maximums der Wärme, Statt finden. In den Flufsthälern dagegen, an der Magdalena, am Guainia, den die Europäer Rio Negro nennen, und am Cassiquiare, treten die Gewitter, mit furchtbaren Regengüssen begleitet, stets bey Nacht, gegen zwölf oder ein Uhr, ein — ein Umstand, der dem Reisenden, wenn er im Freyen zu schlafen gezwungen ist, sehr unbequem fällt. In der

mittlern Höhe, zwischen tausend acht hundert und zwey
tausend Metern (923 und 1026 Toisen), sind die elektrischen Explosionen am geräuschvollesten. Die Gebirgsebenen
von Caloto und Popayan sind besonders wegen der Frequenz
und Stärke des krachenden Donners bekannt. Höher hinauf, am Abhange der Andeskette, über zwey tausend Meter
(1026 Toisen), sind die Gewitter seltner und weniger
periodisch. Aber hier, und vorzüglich in drey tausend Meter
(1539 Toisen) Höhe, bildet sich häufiger Hagel, wobey die
Luft oft und auf lange Zeit negativ geladen ist. Diese nega-
tive Elektricität ist in tieferen, nicht tausend Meter (513
Toisen) über dem Meere erhabenen Gegenden überaus
selten, und wird kaum auf wenige Augenblicke beobachtet.
Höher als drey tausend fünf hundert Meter (1795 Toisen)
werden elektrische Explosionen noch seltner. Der Hagel fällt
dort ohne von Gewittern begleitet zu seyn, und über eine
Höhe von drey tausend neun hundert Meter (2000 Toisen)
hinaus, fällt er mit Schnee gemengt, und, was am auffal-
lendsten ist, selbst mitten in der Nacht. Die den hohen An-
desgipfeln nahen Luftschichten haben stets eine elektrische
Tension, welche das Saussure'sche Elektrometer durch einen
Abstand der Kugeln von vier bis fünf Linien ausdrückt.
Die grofse Lufttrockenheit, Wolkenbildung, Entstehung und
Verschwindung der Dunstbläschen beleben gleichsam in
diesen hohen, Regionen das Spiel der Elektricität. Am
Rande der vulkanischen Cratere geht sie oft schnell vom
Positiven zum Negativen über. Dazu sieht man jenseits
der untern Grenze des ewigen Schnees, in den höchsten

Gebirgsebenen, hoch über sich, häufige leuchtende Erscheinungen, welche von keinem Geräusche begleitet sind. Die auffallende Menge von Sternschnuppen, welche besonders in dem vulkanischen Theile der Cordilleren fallen, und ihre gröfsere Häufigkeit in den wärmeren Ländern, könnten vermuthen lassen, dafs diese Meteore unserm Luftkreise zugehören, wenn nicht ihre ungeheure Höhe und andere Betrachtungen diese Voraussetzung zu bestreiten schienen.

Himmelsbläue.

Wenn der Bewohner der Ebene sich drey bis vier tausend Meter (1795 Toisen) hoch am Gebirgsabhange erhebt, so überrascht ihn der Anblick der dunklern, gleichsam tiefern Himmelsbläue. Diese Intensität der Farbe nimmt mit der Luftdünne und der geringern Menge von Dünsten zu, durch welche der Sonnenstrahl zu uns gelangt. Lichtzerstreuung, welche die in der Luft schwimmenden Dunstbläschen verursachen, läfst die Himmelsbläue nach und nach verschwinden, und verändert sie in eine graulichweifse, milchigte Farbe. Je dünner und dunstreiner die Luftmasse ist, durch welche wir das Sonnenlicht empfangen, desto mehr naht sich die Farbe des Himmelsgewölbes der absoluten Schwärze, welche wir sehen würden, wenn wir entweder an die Oberfläche des Luftoceans[1] gelangen könnten, oder wenn gar keine laterale Dispersion des Lichts, bey seinem Durchgange durch die Atmosphäre, vor sich ginge.

---

[1] Wenn anders eine solche bestimmte, sich abschneidende Grenze denkbar ist.

Das Kyanometer, dessen ich mich auf meiner Expedition bedient habe, war (nebst einem *éboulloir* und einem Magnetometer) von Paul in Genf verfertigt und von Pictet aufs sorgfältigste mit dem Kyanometer verglichen worden, welches Saussure auf dem Mont-Blanc gebraucht hatte. Alle Beobachtungen sind im Zenith bey wolkenfreyem Himmel angestellt. Ich glaube, im Ganzen die Luftbläue dunkler und energischer unter dem Äquator, als in gleicher Höhe in der gemäfsigten Zone gefunden zu haben. Die mittlere Himmelsbläue ist in Paris (bey einer Sommerwärme von 25°) zwischen 16° und 17° des Saussure'schen Kyanometers; unter den Tropen, ebenfalls in der Ebene, ist sie 23° — ein Unterschied, welcher wahrscheinlich von der innigern Auflösung und gleichmäfsigern Vertheilung der Dünste in den Äquatorial-Regionen herrührt. Auch sind die schönsten spanischen und italiänischen Sommernächte nicht mit der stillen Majestät der Tropennächte zu vergleichen. Nahe am Äquator glänzen alle Gestirne mit ruhigem planetarischem Lichte. Funkeln (Scintillation) ist kaum am Horizonte bemerkbar. Die schwächsten Fernröhre, welche man aus Europa nach beyden Indien bringt, scheinen dort an Stärke zugenommen zu haben : so grofs und beständig ist die Durchsichtigkeit der Tropenluft.

Auf dem Gipfel des Mont-Blanc, in vier tausend sieben hundert fünf und siebzig Meter (2450 Toisen) Höhe, hat Saussure das Kyanometer auf 39° gesehen. Auf dem Pico de Teneriffa, am Rande des Craters, schien mir die Himmelsbläue 41°. Die aufserordentliche Trockenheit dieses

afrikanischen Klima's vermehrt dort die Intensität der Farbe :
denn der Pico von Teneriffa ist tausend und siebzig Meter
(549 Toisen) tiefer, als der Mont-Blanc. In den südamerikanischen Andes, auf fast fünf tausend acht hundert Meter
(2975 Toisen) Höhe, beobachtete ich 46° des Kyanometers.
Eben diese dunkle Farbe des Himmels wurde von Gay-Lussac
auf seiner ersten grofsen Luftreise bemerkt. « Auf der Höhe
« von sieben tausend und sechzehn Meter (3600 Toisen) war
« es mir auffallend » (sagt dieser Physiker in seinem Rapport
an das National-Institut) « diefs Mal Wolken über mir, und
« zwar in einer sehr beträchtlichen Höhe, zu sehen. Ganz
« anders waren dieselben auf meiner ersten Luftreise gela-
« gert. Damals erreichte ihre oberste Schicht kaum tausend
« ein hundert neun und sechzig Meter (600 Toisen), und
« über mir war der Himmel von der gröfsten Reinheit. Im
« Zenith schien seine Farbe von der gröfsten Intensität,
« wenigstens so dunkel als Berliner-Blau. »

Schwächung des Lichts bey seinem Durchgange durch den Luftkreis.

Das Licht der Sonne und der Gestirne wird bey seinem
Durchgange durch den Luftkreis allmählig geschwächt. Diese
Schwächung, dieses partielle Ersterben des Lichts, welches
mit der Hervorbringung der Erdwärme im innigsten Causal-
Zusammenhange steht, nimmt mit der Dichte der Luftschichten zu. Es ist schwächer auf dem Gipfel hoher Berge,
stärker in der meeresgleichen Ebene. In der Tafel, welche
dem Naturgemälde beygefügt ist, hat man die Lichtabnahme

so berechnet, wie sie in einer völlig durchsichtigen, dunst-
freyen Luft vor sich gehen würde. (Man vergleiche Laplace,
in der *Exposition du système du Monde, vol. I, p.* 157.)
Die unbeschreibliche Reinheit der Tropenluft verursacht,
dafs, selbst bey gleicher Höhe des Standorts über der Meeresfläche, das Licht lebhafter und stärker als in Europa ist.
Wie blendend und ermüdend ist nicht in Westindien das
Tageslicht, selbst an Orten wo kein Reflex Statt findet! Auch
suchen die Europäer sich mehr noch vor nervenschwächen-
der, überreitzender Helle, als vor der Wärme zu bewahren.
Sie schmelzen dort gleichsam wieder in ihrem Gefühle
zusammen, was, in den Wirkungen geschieden, doch nur
aus derselben einfachen, aber nie versiegenden Quelle fliefst.

Diese geringere Schwächung der Tageshelle in der Tropen-
Region, über welche es wichtig wäre, Versuche mit dem
Leslie'schen Photometer anzustellen, erweist sich recht auffallend in einer astronomischen Erscheinung. Das röthliche
Licht, welches der ganz verfinsterte Mond, mittelst einer
Inflection der Sonnenstrahlen durch die Erdatmosphäre,
empfängt und zurücksendet, ist bekanntlich in der gemäfsigten Zone oft so schwach, dafs die Mondscheibe gänzlich
verschwindet. Dagegen habe ich unter dem zehnten Grade
nördlicher Breite, wo die Luft so überaus rein und durch-
sichtig ist, die verfinsterte Mondscheibe mit fast eben so
starkem Lichte glänzen sehen, als der Vollmond hat, wenn
er röthlich in unseren Klimaten am Horizonte empor steigt.

Auffallend ist der Einflufs des Sonnenlichtes auf die
vitalen Functionen der Pflanzen, auf ihre Respiration, auf

ihre Färbung und, nach Berthollet, auf die Fixirung des Stickstoffs in der Fäcula. Diese Betrachtungen bestätigen die Vermuthung, dafs die ungeschwächte Helle, welcher die Alpengewächse, besonders in der Andeskette, ausgesetzt sind, zu ihrem resinösen und aromatischen Charakter beytrage. In dem zweyten Bande meiner Schrift über die gereitzte Muskel- und Nerven-Faser habe ich Versuche angeführt, welche einen Einflufs des Sonnenlichtes auf die thierischen Organe andeuten, der der Wärme allein[1] nicht zugeschrieben werden kann. Sollte nicht diefs sonderbare Gefühl von Schwäche, über welches alle Einwohner von Quito oder Mexico klagen, wenn sie den, in drey bis vier tausend Meter (1800 Toisen) Höhe so auffallend stechenden Sonnenstrahlen ausgesetzt sind (eine Schwäche und Ermüdung, welche gar nicht der Muskelbewegung, oder der, in der luftdünnern Region vermehrten Hautrespiration allein zugeschrieben werden kann), auf eine solche Nerven-Reitzung des ungeschwächtern Sonnenlichtes hindeuten ? In der That kenne ich nichts erschöpfenderes, als diefs Sonnenlicht auf der hohen und kalten Andeskette. Oder kann das gleichsam noch unerschöpfte Licht bey dem Widerstande, den es, gegen dichte Körper anprellend, gleichsam zum ersten Male

---

[1] Ich bediene mich der unschädlichen *Fiction*, von Wärme und Licht als von verschiedenen Stoffen zu reden, unerachtet ich es für sehr wahrscheinlich finde, dafs Wärme gebundenes Licht, oder Licht freye Wärme sey. Aber Trotz der Identität der Materie, ist man immerfort berechtigt, sie als in zwey verschiedenen *Zuständen* zu betrachten. *Schelling,* Ideen zu einer Philosophie der Natur, Th. I, p. 111, 113.

findet, auf dem Gebirge mehr Wärme, als in den luftdich-
teren Regionen der Ebene erregen ?

Strahlenbrechung am Horizonte.

Strahlenbrechung hängt von der Dichtigkeit der Luftschichten und von der Abnahme ihres Wärmegehalts ab.
Sie ist deshalb nach der Höhe des Standorts des Beobachters verschieden. Laplace hat bewiesen, dafs der Calcul
der Strahlenbrechung sehr verschieden ausfällt, je nachdem
der Winkel unter oder über zwölf Grade beträgt. In dem
letztern Falle ist der Einflufs des hygroscopischen Zustandes
der Luft sehr geringe. In dem ersten Falle dagegen, wo
der einfallende Strahl gleichsam dicht an der Erdoberfläche
hinläuft, wird die Betrachtung der Luftfeuchtigkeit und der
gleichen oder ungleichen Dunstvertheilung sehr wichtig:
denn wenn die Abnahme der Wärme in den höheren
Luftschichten allein die Strahlenbrechung am Horizonte
modificirte, so sieht man in der That nicht ein, warum
die letztere unter dem Äquator anders als in der gemäfsigten
Zone ist; denn im Sommer, zwischen der Meeresfläche und
der beträchtlichen Höhe von sechs bis sieben tausend Meter,
ist (wie aus Gay-Lussac's und meinen bereits oben berührten
Versuchen folgt) die perpendikuläre Wärmeabnahme in
Europa und in den Kordilleren von Quito wenig verschieden.

Die französischen Akademiker haben auf der Marmortafel,
welche noch gegenwärtig in dem Jesuiten-Collegium aufbe-
wahrt wird, die Strahlenbrechung am Horizonte, unter
dem Äquator, an der Meeresfläche 27′, in der Höhe der

Stadt Quito 22′ 5o″, und am Chimborazo, am untern Rande des ewigen Schnees, 19′ 51″ angegeben. Die Refraction an der Oberfläche des Mondes findet Laplace gar nur 5″, vorausgesetzt, dafs der Dunstkreis dieses Planeten wenigstens noch luftdünner als das gröfste Vacuum ist, welches wir unter der Luftpumpe hervorzubringen im Stande sind.

Auf der Gebirgskette der Andes bemerkt man bisweilen ganze Nächte hindurch, tief am Horizonte, ein schwaches Licht, welches jenen rund umher erleuchtet. Ich habe diese Erscheinung mehrmals, besonders in der Meyerey (Hacienda) von Antisana, im Königreich Quito, auf zwey tausend zwey hundert fünf und neunzig Meter (1177 Toisen) Höhe beobachtet. Saussure hat eine ähnliche Erscheinung auf dem Col-de-Géant, in einer Höhe von drey tausend vier hundert sechs und zwanzig Meter (1758 Toisen) gesehen. Diese Erleuchtung scheint Folge einer sonderbaren Reflection des Sonnenlichtes durch die tieferen, den Horizont umgebenden, dichten Luftschichten zu seyn. Man vergleiche Biots scharfsinnige Erklärung in der *Astronomie physique,* vol. I, S. 277.

Chemische Beschaffenheit des Luftkreises.

Das Gemisch elastischer Flüssigkeiten, welches unsern Planeten einhüllt, erstreckt sich bis zu einer Höhe, die für uns bisher unermefslich geblieben ist. Nur die Theorie der Lichtabnahme oder Lichtschwächung, und Bouguer's Versuche erweisen, dafs die ganze Höhe des Luftkreises, wenn man ihre Dichtigkeit auf den Eispunkt und auf einen Barometerdruck von 0,757 Meter reducirt, nur 7820 Meter (4011

Toisen) betragen würde (Laplace , *Exposition du syst. du Monde, p.* 155). Dagegen deuten Crepuscular-Beobachtungen an , daſs selbst in 60000 Meter (30784 Toisen) Höhe die Luftdichtigkeit noch groſs genug ist, um uns bemerkbares Licht zurückzusenden.

Man hat noch vor Kurzem geglaubt , daſs die chemische Beschaffenheit der Atmosphäre nicht blofs an einem und demselben Orte veränderlich sey , sondern auch dafs der Sauerstoffgehalt derselben abnehme , je mehr man sich von der Ebene entferne. Man schrieb einem Wechsel in dem Gleichgewichte der Luftarten zu , was allein von der Unvoll- kommenheit der angewandten eudiometrischen Mittel her- rührte. Die Versuche, welche ich vor sieben Jahren über das nitröse Gaz bekannt gemacht, haben dazu beygetragen , diesen Irrthum mehr zu verbreiten.

In diesen letzteren Jahren hatte man angekündigt, dafs der Sauerstoffgehalt der Atmosphäre, statt sieben oder acht und zwanzig Hunderttheile (wie ihn Lavoisier und fast alle Chemiker behaupten), nur zwischen 0,20 und 0,23 betrage. Diese Angabe war noch zu unbestimmt, um sich damit zu begnügen. Dazu gab unter den berühmtesten Scheidekünst- lern der eine dem Eudiometer den Vorzug, welches der andere geradehin verwarf. Es schien mir daher (gleich nach meiner Rückkunft nach Europa) wichtig, eine neue und sorgfältige Arbeit über den Luftkreis zu unternehmen, um die Fragen zu entscheiden : welches eudiometrische Mittel unter den jetzt bekannten die gröfste Genauigkeit verspreche? ob der Luftkreis 0,21 oder 0,23 Oxygen enthalte? wie viele

Tausendtheile Sauer- oder Wasserstoff man mit Sicherheit
in einem Luftgemische entdecken könne? ob die Atmosphäre in ihrem Mischungsverhältnisse *bemerkbar* veränderlich sey, oder ob die Behauptung dieser Unveränderlichkeit
nur darauf beruhe, dafs die Quantität der Veränderung
geringer als die zwey Hunderttheile sey, über welche man
in der absoluten Oxygenmenge schwankte? Ich glaubte
mich zu dieser Arbeit, die ich mit Herrn Gay-Lussac in
einem der Laboratorien der polytechnischen Schule ange-
fangen, um so mehr verpflichtet, als ich ein unvollkommnes
Werk meiner frühern Jugend durch ein gründlicheres zu
ersetzen wünschte. Es geht der Chemie wie der Astronomie.
Die Vervollkommnung der Methoden und der Instrumente
setzt uns in die Lage, sehr kleine Quantitäten mit Sicherheit messen zu können; und es ist gegenwärtig nicht mehr
erlaubt, Gröfsen zu vernachläfsigen, welche ehemals unbe-
stimmbar schienen. Wir haben, Herr Gay-Lussac und ich,
die ersten Resultate unserer Versuche in einer Abhandlung[1]
bekannt gemacht, welche wir in der Sitzung des ersten
Pluviôse dem National-Institut vorgelegt haben.

In dem gegenwärtigen Zustande unserer chemischen Kenntnisse ist das Voltaische Eudiometer, oder dasjenige, welches
auf Verbrennung des Wasserstoffgazes gegründet ist, allen
anderen vorzuziehen. Es ist das einzige, welches mit Sicherheit Mischungsveränderungen entdeckt, die nicht über zwey
Tausendtheile Oxygen betragen. Schwefelalkali, Phosphor,

---

[1] *Mémoire sur l'analyse de l'air atmosphérique, par MM. Humboldt et Gay-Lussac. Paris, 1805.*

und selbst nitröses Gaz (indem man die Residuen im Fon-
tana'schen Eudiometer mit schwefelsaurem Eisen, oxygenirter
Kochsalzsäure oder Laugensalzen wäscht), geben die Sauerstoffmenge nur bis ein oder zwey Hunderttheile, und nicht
genauer an. Schwefelalkali, wenn man die Auflösung heifs
anwendet, verschluckt den Stickstoff; und wollte man die
ganze beobachtete Absorption dem Sauerstoff zuschreiben,
so würde man von diesem dreyfsig bis vierzig Hunderttheile
in der Atmosphäre zu entdecken glauben. Dieser Action
heifser Auflösungen von Schwefelalkali, und falschen Voraus-
setzungen über die Menge Oxygen, welche erforderlich ist,
um zwey bis drey Theile nitröses Gaz zu sättigen, mufs man
die Scheel'sche und Lavoisier'sche Behauptung von 0,27
oder 0,28 atmosphärischen Oxygens zuschreiben.

Die wahren constituirenden Bestandtheile des Luftkreises
scheinen demnach zu seyn : 0,210 Sauerstoffgaz, 0,787
Stickgaz und 0,003 Kohlensäure. Die Menge der letztern
haben wir noch nicht so genau als die des Oxygens ausgemittelt, und wir haben Ursachen zu glauben, dafs sie
noch etwas geringer als drey Tausendtheile sey : denn
pneumatische Genauigkeit ist *überall* schwer zu erhalten,
wo tropfbare Flüssigkeiten eine Zeitlang in Contakt mit
einem Luftgemisch stehen sollen ; weil etwas Stickstoff mit
dem Sauerstoff und der Kohlensäure absorbirt wird, und
die Flüssigkeiten zugleich von den ihnen ursprünglich bey-
gemischten Gazarten hergeben — ein Wechsel von Absorption und Ausscheidung, welcher den wahren Hergang versteckt, oder wenigstens unkenntlich macht.

Der Luftkreis scheint in seinem chemischen Mischungsverhältnisse, wenigstens in der Menge von Sauer- und
Stickstoff, keinen Veränderungen unterworfen zu seyn.
Wenn diese Veränderungen existiren, so gehen sie wahrscheinlich nicht über einen Tausendtheil Oxygen : denn
. Luft, die wir unter den verschiedenartigsten meteorologischen Verhältnissen, bey trockner und heiterer Atmosphäre,
im Nebel, während des Schneyens, im Platzregen und bey
Winden sammelten, die aus allen Weltgegenden bliesen,
bot uns immer zwischen 0,210 und 0,211 Oxygen dar.

Herr Gay-Lussac hat das merkwürdige Factum begründet, dafs in 7016 Meter (3600 Toisen) hohen Luftregionen
die Atmosphäre noch dieselben ein und zwanzig Hunderttheile Sauerstoff enthält, welche man in den Ebenen findet.
Sein Versuch ist der einzige, welcher mit grofser Genauigkeit über die chemische Mischung so hoher Luftschichten
angestellt worden ist ; und wenn andere Physiker[1], und ich
selbst ehemals, die europäische Bergluft für sauerstoffärmer
erklärt haben : so hat der Grund dieser Behauptung wahrscheinlich in der Unvollkommenheit der angewandten Mittel
gelegen. Nur Lokalumstände können eine solche Verminderung der Sauerstoffmenge begründen ; und wenn dieselbe
auf dem Gipfel des Pico von Teneriffa oder auf einigen
brennenden Vulkanen der Andeskette Statt findet : so mufs
man die Ursache davon in der Wirkung der Cratere und
in dem Contact der Luft mit brennenden Schwefelmassen

---

[1] Volta, Saussure der Vater, und Gruber. Der jüngere Saussure und Volta
haben neuerdings die Idee von dieser Unreinheit ebenfalls aufgegeben.

suchen. Es ist lange schon die wichtige Frage aufgeworfen worden : ob die atmosphärische Luft auch *Hydrogen* enthalte ? Mein Freund Gay-Lussac hat durch seine zweyte grofse Luftreise bewiesen, dafs wenn diefs Hydrogen in der Atmosphäre vorhanden ist, es in sieben tausend und sechzehn Meter (3600 Toisen) Höhe nicht in gröfserer Menge als in der Ebene existirt. Diese Untersuchung haben wir gegenwärtig beyde gemeinschaftlich weiter verfolgt, und durch zahlreiche Versuche erwiesen, dafs entweder gar keines oder nicht über 0,003 Wasserstoffgaz in unserm Luftkreise vorhanden ist : denn diese drey Tausendtheile, einem künstlichen Gemenge von Oxygen und Azote beygemengt, sind genau durch die von uns befolgte Methode wieder gefunden worden. Da nun auf der andern Seite Luftgemenge, in welchen unter sechs Hunderttheilen Hydrogen enthalten sind, durch den elektrischen Schlag sich nicht entzünden lassen : so scheint daraus zu folgen, dafs man wenigstens nicht in dem Sinne der empyrischen Antiphlogistiker, Regen und andere leuchtende Meteore des Luftkreises durch Verbrennung von Sauer- und Wasserstoff erklären könne.

Unter einer Reihe von Versuchen, welche wir, Gay-Lussac und ich, im März 1805, im Kloster des Mont-Cenis, in einer Höhe von zwey tausend und sechs und sechzig Meter (1060 Toisen) über dem Meere angestellt, haben wir Luft in dem Innern einer dicken Wolke gesammelt. Sie enthielt ebenfalls 0,211 Oxygen, und war von der Luft, welche wir von Paris in wohlverschlossenen Flaschen mitgebracht, gar nicht verschieden.

Die beständige Gleichheit in der chemischen Mischung
des Luftkreises und der Mangel von Hydrogen sind zwey
Facta, welche für die Theorie der Strahlenbrechung überaus
wichtig, ja, man könnte sagen, beruhigend sind. Sie beweisen, daſs die Mathematiker wirklich nur durch das Barometer, das Thermometer und Hygrometer zu corrigiren
brauchen, ohne die groſse Refrangibilität des Hydrogens
besorgen zu müssen.

Aber ausser dem Oxygen und dem Hydrogen enthält die
Atmosphäre noch eine Menge anderer gazförmiger Dünste,
welche unsere Instrumente nicht anzeigen, und welche wahrscheinlich den mächtigsten Einfluſs auf die Erhaltung unsrer
Gesundheit haben. Thenard hat erst neuerlichst (*Bibl.
médicale, T.* 9, *p.* 10) durch direkte Versuche gefunden,
daſs 0,0012 geschwefeltes Wasserstoffgaz, der atmosphärischen
Luft beygemischt, hinlänglich ist, Thiere, welche dieser
Mischung lange ausgesetzt sind, zu tödten. Diese schädli-
chen, uns unbekannten Emanationen, welche wahrscheinlich groſsentheils von oxygenirter Kochsalzsäure weggebrannt
werden, bilden sich besonders in dem ebenen Theile der
Tropenregionen, wo der Pflanzenwuchs am üppigsten,
Dammerde und Luft mit zahllosen Insekten angefüllt, und
daher die Masse der absterbenden, organischen Materie am
gröſsten ist. Ewige Windstille, unbeschreibliche Nässe (theils
durch Regengüsse, theils durch Fluſsüberschwemmungen),
vermehren dieſs Übel in den dicken Waldungen zwischen
dem Orinoco und dem Amazonenflusse. Aber am gefahr-
vollesten für die Gesundheit sind die tiefen, feuchten und

heifsen Thäler der Andeskette, welche zwölf hundert Meter
(615 Toisen) tiefe Furchen bilden, und in denen das Thermometer durch Reflection der dunkeln Wärmestrahlen über
zwey und vierzig Grade steigt. Ein Aufenthalt weniger Stunden
ist oft schon hinlänglich, um dem europäischen Reisenden den
fürchterlichsten Typhus zu verursachen, während dafs die
kupferfarbenen Eingeborenen dieser Thäler, welche seit
vielen Jahrhunderten diese verderbliche Luft einathmen,
in mehreren derselben der festesten Gesundheit geniefsen.
So bewundernswürdig ist die Biegsamkeit der, nach ihrem
Bedürfnifs aneignenden oder ausscheidenden menschlichen
Natur!

Abnahme der Schwere.

Die Abnahme der Schwere, welche mit der Entfernung
des Abstandes vom Mittelpunkt der Erde wächst, ist schon
auf den geringen Höhen, zu welchen sich unsere Gebirge
erheben, bemerkbar. Da aber die Dichtigkeit der Kordilleren sehr verschieden ist : so habe ich es für nützlicher
gehalten, die dem Naturgemälde angehängte Tafel nach der
Theorie zu berechnen, als die Data von den wirklich angestellten Versuchen herzunehmen. Ich darf meinen eigenen
um so weniger grofse Zuverläfsigkeit zutrauen, als ich durch
meine beschleunigte Abreise nach den Canarischen Inseln
verhindert wurde, mir den vortrefflichen Apparat zu verschaffen, mit dem Zachs alles umfassender Erfindungsgeist
die Physik bereichert hat. Sey N die Zahl der Oscillationen,
welche ein einfaches Pendel unter dem Äquator an der

Oberfläche der Erde macht; sey M die Zahl der Oscillationen, welche dasselbe Pendel auf einer in Meter ausge-
drückten Höhe H zeigt : so ist

$$M = N \left\{ 1 - \frac{579\, H}{576.6375793} \right\}.$$

Um durch Vergleichungen die Ansicht mannichfaltiger zu
machen, schalte ich hier folgende Zahlen ein. Beobachtete
Länge des einfachen Secundenpendels in Paris = 1,000000.
Länge des Secundenpendels unter dem Äquator = 0,99669.
Gröfse der Erde : Radius in der Ebene des Äquators =
6375703 Meter (3271208 Toisen); in der durch beyde Pole
= 6356671 Meter (3261443 Toisen). Abplattung = 19032
Meter (9765 Toisen). Länge eines Grades unter dem Äquator
= 51077,70 Toisen (Bouguer und La Condamine); in Frankreich, in der Breite von 51°,332 = 51316,58 Toisen (Mechain
und Delambre); in Schweden, in der Breite von 73°,707
= 51473,01 Toisen (Melanderhielms Bericht). Man dürfte
sich vielleicht wundern, dafs ich unter so vielen Zahlen-
verhältnissen nicht der magnetischen Kräfte gedenke. Aber
die Höhe, zu welcher Menschen gelangen, ist zu gering,
als dafs die Intensität dieser Kräfte davon afficirt werden
könnte, wie Gay-Lussac's Versuche in Europa und die
meinigen in der südamerikanischen Andeskette beweisen.
(Siehe das von Biot und mir gemeinschaftlich bearbeitete
Mémoire sur les variations du Magnétisme terrestre; 1805,
p. 9.)

Geognostische Ansicht.

Die Natur der Gebirgsarten scheint im Ganzen unabhängig von der geographischen Breite, wie von ihrer Höhe über der Meeresfläche : sey es, daſs Luftwärme und Luftdruck wenig auf die Aggregation der unorganischen Massen gewirkt haben ; oder sey es, daſs die Bildung der Erdrinde in eine Epoche fällt, in der jede Region noch nicht eine eigene, durch den Sonnenstand bestimmte, Temperatur hatte. Auch ist die Höhe der gröſsten Gebirge, in Vergleichung mit dem Erddurchmesser, so gering, daſs kleine Verschiedenheiten des Niveau's wenig Einfluſs auf die groſsen geognostischen Phänomene haben ausüben können. Wirft man einen Blick auf das Ganze : so erkennt man, daſs fast alle Gebirgsarten in allen Höhen und unter allen Zonen angetroffen werden.

Entdeckt man aber auch keinen *allgemeinen* Zusammen-hang zwischen der Natur des Gesteins und der Lage des Orts in Hinsicht auf Breite und Höhe : so kann man den lokalen Einfluſs der Höhe wenigstens nicht in einem einzel-nen Theile der Erdoberfläche verkennen. Stellt man genaue Beobachtungen über ein kleines Gebirgsstück an : so wird man gewahr, daſs nicht nur das Streichen und Fallen der Gebirgsarten einem gewissen Typus folgt, und durch ein partikuläres System[1] von Anziehungskräften (sey es durch

---

[1] So streichen in der Andeskette von Südamerika, wie in den Gebirgen von Venezuela und Neu-Andalusien, Gneiſs und Glimmerschiefer gewöhnlich, St. 3¼ des Freyberger Grubenkompasses ; das heiſst : ihre Streichungslinie macht mit dem Meridian einen Winkel von zwey und fünfzig Graden, von Norden aus gegen Osten gerechnet. Am Fichtelgebirge und, wie ich mit

magnetische oder elektrische Polarität) bestimmt worden
ist ; sondern dafs auch ein *Lokalgesetz* in der Höhe Statt
findet , zu welcher sich die älteren oder neueren Formationen über der Meeresfläche erheben. So bemerkt man , dafs
in gewissen Regionen die Flözgebirge nicht die Höhe von
drey tausend Meter (1539 Toisen) übersteigen; dafs dichter
Kalk, über achtzehn hundert Meter (923 Toisen) hinaus,
nie mit Sandstein bedeckt ist; dafs der Glimmerschiefer nicht
so hoch , als Gneifs, gegen den Gebirgsrücken ansteigt; dafs
Conglomerate, welche einer gewissen Höhe zukommen, nur
Geschiebe von Urgebirgsarten und kein kalkartiges Bindemittel enthalten. Für eine bestimmte , nicht weit ausge-
dehnte Gegend, kann man eine *obere Grenze* des Basalts,
des Flözkalks oder des Gypses entdecken, gerade wie man
obere Grenzen der Fichten und Eichen beobachtet. Diese
Betrachtungen lehren, dafs die Natur selbst es uns nicht
gestattet eine Scale der Gebirgsarten zu verfertigen, weil
man kleine und partielle Phänomene nicht zu allgemeinen
Gesetzen erheben kann.

---

dem vortrefflichen *Freiesleben* beobachtet, in den westlichen Schweizer-Alpen
ist diese Richtung, wie das Fallen der Urgebirgsarten, ebenfalls sehr häufig.
Im Königreich Neu-Spanien ist das herrschende Streichen St. 7 bis 8. Ein
allgemeines, von dem Alter der Gebirgsarten abhängiges, Streichungsgesetz,
welches ich vormals geahndet habe, kann in der äufsersten Erdrinde, welche
wir beobachten , schon darum nicht Statt finden, weil die *ungleich* vertheilten
kleinen Systeme von Kräften sich *ungleich* einander beschränken. Dafs aber das
Streichen und Fallen, einige neuere Gebirgsarten abgerechnet, von grofsen
kosmischen Phänomenen, und nicht von der Gestalt der Gebirge abhänge, davon
überzeugt sich jeder leicht, der die Struktur grofser Gebirgszüge in der Natur
selbst studirt hat.

Die Äquatorial-Regionen des neuen Kontinents bieten
zugleich die höchsten Gebirge und die weit ausgedehntesten
Ebenen der Welt dar : ein Kontrast, welcher darauf hinzudeuten scheint, dafs die Rotation unsers Planeten nicht
die Ursache jener so hoch aufgethürmten Gebirgsmassen ist.
Das hohe asiatische Plateau von Himali und Thibet liegt
ausserhalb der Tropen ; und unter dem sechzigsten Grade
nördlicher Breite erheben sich die Kordilleren zu einer
Höhe, welche der kolossalischen Berggruppe von Quito
wenig nachgibt.

Die Andeskette (ihr wahrer Name ist Antis, von *Anta*,
Kupfer, in der Quichoa-Sprache) naht sich beyden Polen
fast in gleicher Entfernung. Ihre äufsersten Enden bleiben
kaum neun und zwanzig bis dreyfsig Grade davon entfernt.
Man kann sie von den Granitklippen, welche südlich vom
Feuerlande liegen, oder von Diego Ramirez und dem Cap
Horn bis zum Eliasberg (nordwestlich von Port Mulgrave)
verfolgen ; das heifst, sie erstreckt sich von 56° 27′ südlicher, bis 60° 12′ nördlicher Breite. Sie hat demnach an
zwey tausend und fünf hundert Meilen Länge, bey einer
Breite von kaum dreyfsig bis vierzig Meilen.

Die Höhe dieser Gebirgskette ist weit ungleicher, als man
gewöhnlich anzunehmen scheint. In der südlichen Hemisphäre, zwischen dem Chimborazo und Loxa, gibt es ganze
Strecken der Andes, wo der hohe wasserscheidende Kamm
derselben kaum die Höhe des Sanct-Gothard erreicht. In
der nördlichen Zone, in der Landenge von Panama, besonders bey Cupique, erhebt sich das Land kaum zwey hundert

Meter (102 Toisen) hoch. Umfaſst man mit einem Blicke die ganze Länge der Andeskette : so bemerkt man, daſs sie *viermal* zu einer ungeheuern Höhe und Mächtigkeit anschwillt. Unter dem sechzehnten Grade der südlichen Breite, in Peru; unter dem Äquator selbst, im Königreich Quito; in Neu-Spanien, unter neunzehn Grad nördlicher Breite; und endlich, der Ostküste von Asien gegenüber, unter dem sechzigsten Grade, sind die Gipfel der Andes überall höher als der Mont-Blanc : das heiſst, sie erreichen aufs wenigste fünf bis sechs tausend Meter (2565 bis 3078 Toisen).

Mehr aber noch, als durch die Höhe selbst, können die Kordilleren durch die *Mächtigkeit* des hohen Theils ihrer Gebirgsmassen (besonders in Quito und Mexico) unsere Einbildungskraft in Erstaunen setzen. Am Vulkan Antisana, vier tausend ein hundert und fünf Meter (2106 Toisen) über dem Meere, also höher als der kegelförmige Gipfel des Pico von Teneriffa, habe ich eine Ebene gefunden, welche volle zwölf Meilen im Umfange hat. Wenn man von den isolirten, sich hier und da thurmähnlich erhebenden Spitzen abstrahirt : so kann man unter dem Äquator die mittlere Höhe des Gebirgsrückens der Andes auf drey tausend und neun hundert bis vier tausend und fünf hundert Meter (2000 bis 2308 Toisen) anschlagen, während daſs die mittlere Höhe der Alpen und Pyrenäen zwischen zwey tausend fünf hundert und zwey tausend sieben hundert Meter (1283 bis 1385 Toisen) beträgt. Das Höhenverhältniſs ist demnach fast = 7 : 4. Die Breite der Pyrenäen und anderer hoher euro-

päischen Gebirgsketten beträgt im Durchschnitte nur zehn bis
zwölf Meilen, während dafs die Andes in dem mächtigen
Gebirgsstocke bey Quito ein und zwanzig, in Neu-Spanien
und einem Theile von Peru, zwischen vierzig und sechzig
Meilen breit sind. Diese Betrachtungen geben einen klarern
Begriff von der grofsen *Massenverschiedenheit*, welche zwischen den Andes, den Alpen und den Pyrenäen Statt findet,
als die Vergleichung ihrer höchsten Gipfel[1], welche genau
sechs tausend fünf hundert vier und vierzig Meter (3357
Toisen), vier tausend sieben hundert fünf und siebzig Meter
(2450 Toisen), und drey tausend vier hundert sechs und
dreyfsig Meter (1763 Toisen) betragen.

Der höchste Theil der Andes ist fast unter dem Äquator
selbst, eigentlich zwischen ihm und 1° 45' südlicher Breite
enthalten. Nur an diesem und keinem andern Punkte der
bisher bekannten Erde findet man Berge, welche eine Höhe
von sechs tausend Meter (3078 Toisen) erreichen, oder gar
übersteigen. Auch gibt es nur drey so kolossalische Gipfel:
der Chimborazo (höher, als der Ätna auf die Spitze des
Canigou; höher, als der S. Gothard auf die Spitze des Pico
von Teneriffa gesetzt), der Cayambe und der Antisana. Nach
einer sehr wahrscheinlichen Tradition der Indianer von Lican, ist der Altarberg (*el Altar de los Collanes,* oder in
der Quichoa-Sprache, *Capa-Urcu*) einst höher als der
Chimborazo gewesen, aber unter der Regierung des Ouai-
nia-Abomatha (in, acht Jahre lang dauernden, Nacht ver-

---

[1] Der Chimborazo, Mont-Blanc und Mont-Perdu.

breitenden, vulkanischen Ausbrüchen) eingestürzt. In der
That zeigt der Gipfel dieses merkwürdigen Berges nichts
als gesenkte Hörner und Zacken — ein Bild der Zerstö-
rung, welches jeden Abend, wenn die niedergehende Sonne
ihre Strahlen an den beeisten Trümmern bricht, das pracht-
vollste Farbenspiel darbietet.

Der Chimborazo steht, wie der Mont-Blanc, am süd-
westlichen Ende einer kolossalischen Berggruppe. Von ihm
südlich, in einer Strecke von hundert und zwanzig Meilen,
reicht keine Spitze der Andeskette in den ewigen Schnee.
Die mittlere Höhe des Gebirgrückens beträgt daselbst nur
zwischen drey tausend und drey tausend fünf hundert Meter
(1539 und 1795 Toisen). Noch südlicher, jenseits des 8ten
Breitengrades, oder von der Provinz Guamachuco an, werden
die beschneyten Gipfel wieder häufiger, vorzüglich in der
Nähe der alten Incas-Stadt Cusco und auf dem Plateau von
La Paz, wo sich die weitberufenen Kegelberge Ilimani und
Cururana erheben. In Chile[1] ist leider kein einziger Berg
durch Messung bestimmt, und am südlichen Ende dieses
Königreichs naht sich die Andeskette so sehr der Meeres-
küste, dafs man die Klippeninseln des wenig bekannten
Archipels der Huaytecas gleichsam als abgerissene Trümmer
derselben betrachten kann. Hier erreicht der mit ewigem
Schnee bedeckte Cuptana (der Pico de Teyde für die Schif-
fer dieser Zone) noch die Höhe von drey tausend Meter

---

[1] Ich habe in dem *Mémoire sur la limite inférieure de la neige perpétuelle*
Gründe angeführt, welche die grofse Höhe des Descabezado sehr unwahrschein-
lich machen.

(1590 Toisen). Aber weiter gegen den Südpol, in der Nähe des Cap Pilar, senken sich die Granitberge bis zu drey hundert neun und achtzig Meter (200 Toisen) herab, und bilden eine Hügelreihe, welche, ihrer Form wegen, vom Meere aus sehr hoch erscheint.

Nördlich vom Chimborazo ist die Höhe der Andeskette nicht minder ungleich. Von 1° 45' südlicher bis 2° nördlicher Breite erhält sie sich zwischen fünf tausend und fünf tausend vier hundert Meter (2565 und 2770 Toisen). Die hier gelegene Provinz Pasto ist eine der höchsten Gebirgssteppen der Welt, gleichsam das Tibet des neuen Kontinents. Weiter gegen Santa-Fé hin theilt sich die Kordillere in drey Ketten. Die *östlichere* hat keinen ewigen Schnee von 4° bis 10° nördlicher Breite. Aber an ihrem nördlichsten Ende, da, wo sie sich gegen Osten wendet und die Küstenkette von Caraccas zu bilden anfängt, liegt der mächtige Gebirgsstock von Santa-Martha und Merida, der sich vier tausend sieben hundert bis fünf tausend Meter (2411 bis 2565 Toisen) über dem Meere erhebt, und in dem heiße Schwefelquellen unter ungeheuern Schneemassen hervorbrechen. Der *mittlere* Arm der Andeskette, der mit ewigem Eise bedeckt ist, zieht sich zwischen dem Cauca und Magdalenen-Thale durch Tolima und Ervè bis in das goldhaltige Gneifsgebirge von Guamoco, wo er sich unter 8° 10' nördlicher Breite in die niedrigen Hügel von S. Lucar verflächt. Der dritte und *westlichste* Arm endlich, welcher bey Barbacoas und Taddò[1] in Basalt- und Grünstein-Gerüllen

---

[1] In der gebirgigen Provinz Choco

den Platinasand enthält, läuft, als niedrige Bergkette, längs
der Küste des stillen Meeres hin, setzt durch den Isthmus
von Cupique und Panama in die nördliche Hälfte des neuen
Kontinents, und fängt erst im Königreiche Guatimala an,
sich allmählig zu erheben. Von eilf bis siebzehn Graden nördlicher Breite beträgt seine mittlere Höhe zwischen zwey tausend sieben hundert und drey tausend fünf hundert Meter
(1383 und 1795 Toisen). Aber in der Nähe der Hauptstadt
Mexico, unter dem neunzehnten Breitengrade, bildet er einen
ungeheuern Bergstock, der dem von Quito und Cusco
wenig nachgibt. Zwey noch brennende Vulkane, der Popocatepec und der Pico de Orizava, übersteigen hier fünf
tausend drey hundert Meter (2718 Toisen). Aber diese grofse
Höhe des Bergrückens dauert nur eine kurze Strecke. Im
nördlichen Theile von Anahuac, in der Provinz Neu-Bis-
caya, sind die Andes (hier *Sierra madre* genannt, und in
viele Zweige getheilt) nicht höher als die Pyrenäen. Unter
dem fünf und fünfzigsten Grade der Breite haben englische
Reisende durch Messung sie gar nur gegen sieben hundert
neun und siebzig Meter (400 Toisen) hoch gefunden. Man
könnte geneigt seyn, aus diesem allmähligen Abfall zu schliefsen, als verschwinde die Andeskette völlig gegen den Nordpol hin, wenn man nicht unter 60° 21′ nördlicher Breite
die vierte Gebirgsgruppe kennte, deren Gipfel (der Eliasberg und Montaña de Buen Tiempo) bereits oben genannt
worden sind. Hier und in der Halbinsel Analasca scheinen
die Andes unter dem Meere in Verbindung mit den noch
brennenden Vulkanen von Kamtschatka zu stehen. Die

Gebirge des östlichen Asiens sind demnach nur eine Fort-
setzung der Gebirgskette des neuen Kontinents. Wenn es
wahrscheinlich ist, dafs der gröfsere Theil der kupferfarbigen Bewohner von Amerika Mongolischen Ursprungs ist;
wenn man vielleicht Ursache hat, im nördlichen Hindostan
(im hohen Plateau von Tibet und Butan) den Ursprung
weitverbreiteter religiöser Mythen, die frühesten Keime
menschlichen Kunstsinnes, ja aller menschlichen Bildung
zu suchen : so ist es zwiefach interessant, von jenem Cen-
tral-Punkte auch die höchsten Gebirgszüge unsers Planeten
ausgehen zu sehen.

Ich habe es versucht, mit grofsen Zügen den Umrifs der
Andeskette zu schildern. Von ihrer innern Struktur und
den Gebirgsarten, die sie einschliefst, gehören nur folgende
allgemeine Sätze in ein Naturgemälde.

Die Tropenregion vereinigt fast alle Gesteinarten, welche
man bisher auf dem ganzen übrigen Erdkörper entdeckt
hat. Blofs die sonderbare Gebirgsart, welche aus Smaragdit
und Sade besteht, und welche Buch am Mont-Rose sich
zu grofsen Höhen hat aufthürmen sehen, habe ich in den
Andes nicht angetroffen; auch nicht Rogenstein, Kreide
und das sonderbare Gemenge von körnigem Kalkstein und
Serpentin (*Verde antico*), welches in Kleinasien[1] und gegen
den Euphrat hin gemein seyn soll. Existirt aber auf der ganzen Oberfläche des Erdbodens eine *Identität* in der Natur

[1] Auch bey Susa, nordwestlich von Turin, auf Glimmerschiefer aufgesetzt,
eine sehr alte, wenig untersuchte und mit einem eigenen Namen zu bezeich-
nende Formation.

der Gebirgsarten : so ist die Übereinstimmung, welche wir
in den fernsten Gegenden in der *Schichtung* und *Lagerung*
oder in dem *Alter der Formationen* beobachten, nicht minder auffallend. Überall, im Bau der Weltkörper, wie in der
Construktion der Gebirge; in der Schichtung der Formationen, wie in der blättrigen Textur einzelner Fossilien;
überall hat die gestaltende Natur sich durch einfache und
allgemeine Gesetze beschränkt.

Granit ist in der amerikanischen Tropenwelt, wie in den
übrigen von Physikern beobachteten Theilen des Erdbodens, die älteste Gebirgsart, auf welcher alle andere zu
ruhen scheinen. Er kommt am Fuße der Andeskette zu
Tage heraus, sowohl an der Küste der Südsee (zum Beyspiel zwischen Lima und Truxillo), als in den östlichen
Ebenen des Orinoco und Amazonen-Flusses. Er trägt sowohl die Übergangsformationen des hohen Gebirgsrückens,
als die Flözlagen der Llanos. Der quarzreiche Granit, welcher wenig Glimmer und große röthlich-weiße Feldspath-
krystalle einschließt, scheint unter den Tropen älter, als der
feinkörnige Granit mit vielem Glimmer in sechsseitigen
Tafeln krystallisirt. Bald (und meist) ungeschichtet, bald in
regelmäßig streichende und unter gleichem Winkel ein-
schießende Lager getrennt, bald durch senkrechte Quer-
klüfte in unregelmäßige Säulen zerspalten, bietet der Granit
der Andes dieselben geognostischen Phänomene, als der
der europäischen Alpenkette, dar. Wie dieser, enthält er
auch oft jene sonderbaren glimmerreichen Massen [1], welche

---

[1] An den Obelisken und anderen ägyptischen Kunstwerken, die ich hier zu

wie eingewachsene Stücke eines ältern Granits erscheinen, und doch wahrscheinlich nur auf lokale Zusammenziehungen in den anschiefsenden Bestandtheilen hindeuten. Speckstein, der (wie ich zu Paris in Herrn Rozier's vortrefflicher, in Ägypten und Arabien gemachter, Fossiliensammlung gesehen) im Granit von Syene, wie im Schweizer-Granit, vorkommt, habe ich in Peru, Neu-Grenada, Venezuela, Mexico und am Ober-Orinoco nie in Granitgebirgen entdeckt. Eben so wenig Lepidolit, welcher ein partieller Gemengtheil eines europäischen Granits ist. Titanschörl und Turmaline sind in südamerikanischen Graniten sehr selten, doch ersterer minder als der letztere. In den geognostischen Sammlungen, welche ich dem königlichen Mineralienkabinette zu Madrid geschickt, befinden sich sogar Titan-Dendriten, die ich bey Caraccas gefunden, und die Herr Proust chemisch untersucht hat, da sie den Braunstein-Dendriten sehr ähnlich sehen.

Rom untersucht, bemerke ich eben diese Erscheinung. Der Basalt der Alten, von dem ich an einem andern Orte (in meinen Mineralogischen Beobachtungen über einige Basalte am Rhein, 1790) gehandelt, ist gröfstentheils nichts anders als eine ähnliche hornblendreiche Masse, welche ägyptische Bildhauer aus dem Werner'schen Syenit auszuwählen wufsten. Diefs erkennt man deutlich an den Feldspathtrümmern der Löwen vor dem heutigen Capitol. Die kolossalischen ägyptischen Statuen im Capitolinischen Musäum, besonders die, welche eine thurmähnliche Verzierung auf dem Kopfe und einen Palmzweig in der Hand hat, zeigen recht anschaulich den Übergang vom Granit und Werner'schen Syenit zum Basalt der Antiquarier. Übrigens begreift der schwarze und grüne Basalt der letzteren uranfänglichen Grünstein, Syenit, einen Hornsteinporphyr mit kleinen fast mikroskopischen Hornblendekrystallen, Lydischen Stein und Kieselschiefer in sich.

Auf dem Granit, als auf der ältesten uns bekannten Gebirgsart aufgesetzt, und bisweilen selbst mit ihm alternirend, erscheint in der Andeskette der Gneiß. Er geht allmählich in Glimmerschiefer, wie dieser in den uranfänglichen Thonschiefer über. Granaten sind in den Tropen des neuen Kontinents mehr dem Gneiß, als dem Glimmerschiefer eigen. Auch in Afrika, bey Elephantina, also nahe am Wendekreise des Krebses, hat Rozier den Granat *stets* im Gneiß entdeckt. Im südlichen Theile von Peru, welcher in der politischen Landesabtheilung gegenwärtig zum Vicekönigreich Buenos-Ayres gehört, erscheint der Granat sogar im Porphyr. Ein solcher granatreicher Porphyr bedeckt die silberreiche Thonschieferkuppe von Potosi. Körniger Kalkstein, Chloritschiefer, und uranfänglicher Grünstein bilden oft untergeordnete Lager im Gneiß und Glimmerschiefer von Südamerika. Der hohe Kamm der Andes ist, wie der vieler deutschen Gebirge, fast überall mit Porphyr- und Trappformationen (Basalt, Mandelstein, Porphyrschiefer und fast ungemengten Klingsteinmassen) bedeckt. Die säulförmigen Absonderungen dieser räthselhaften Gebirgsarten geben den Kordilleren diese thurmähnlichen, zackigen, grotesken Formen, an denen man sie von weitem erkennt. Das vulkanische Feuer bricht in diesem porphyrartigen Trapp-Gesteine aus, und es ist ein für den Geognosten schwer zu lösendes Problem, ob diese Porphyre mit glasigem, faserig verwitterndem Feldspath, ob diese Basalte, diese porösen Mandelsteine, ob Obsidiane, Perl- und Grünstein durch Feuer gebildet, oder ob es früher erzeugte Gebirgsarten sind, auf welche die vulkanischen Kräfte ihren zerstörenden und umwandelnden Einfluſs ausgeübt haben.

Glimmerschiefer ist in der Andeskette, wie in den europäischen Alpen, (nächst dem Porphyr) die am weitesten verbreitete Formation. Er enthält oft Lager von Graphit und unterteuft andere spätere Gebirgsarten, wie den Serpentin mit Schillerspath und den Jade. Der Serpentin ist (was sehr auffallend ist) bisweilen, zum Beyspiele in der Insel Cuba, bey Guanavacoa, und in Neu-Spanien bey Guanaxuato, mit Werner'schem Syenit[1] abwechselnd geschichtet.

Die Identität der Schichtung, welche auf dem ganzen Erdboden zu herrschen scheint, wird noch auffallender, wenn man die Flözformationen von Südamerika mit denen des alten Kontinents vergleicht. Die bildende Natur, durch die der Materie einwohnenden Kräfte auf gewisse Prototypen beschränkt, hat dieselben geognostischen Phänomene am Orinoco, an den mexicanischen Küsten des stillen Meeres, in Deutschland, Frankreich, Polen, Palästina und Nieder-Ägypten wiederholt. Am Fuſse der Andeskette un-

---

[1] Ich sage mit Werner'schem Syenit : denn der Syenit der Alten ist *gröſstentheils* Granit. Die Obelisken enthalten, nach Wad's, Pfaff's, Graf Geslers, und selbst nach Petrini's letzter Untersuchung (siehe Zoega's Meisterwerk), keine Hornblende. Herr Rozier und andere Gelehrte, welche Bonaparte's Expedition begleiteten, haben beobachtet, daſs bey Syene wahrer Granit die herrschende Gebirgsart ist; daſs aber hier und da in diesem Granit von Syene kleine, wenig zusammenhängende Lager von Werner'schem Syenit vorkommen. Dagegen hat Herr Rozier am Berge Sinai, dem klassischen Boden jüdischer Mythen, den (hornblendehaltigen) Syenit so häufig gefunden, daſs er vorgeschlagen hat, seinen Namen in *Sinait* zu verwandeln.

terscheidet man zwey *Sandsteinformationen*, eine ältere
mit kieselartigem Bindemittel, Geschiebe von Urgestei-
nen einschliefsend, und eine kalkartige mit Brocken von
Flözgebirgsarten; zwey *Gypse*, und zwey oder gar drey Formationen von *dichtem Kalkstein*. Ungeheure Flächen von
siebzig bis achtzig tausend Quadratmeilen sind mit altem
Conglomerat bedeckt, in dem Trümmer von braunem
Eisenstein und, wie in Sachsen und in Ägypten bey Suez,
versteintes Holz vorkommen. Auf diesem alten, weit verbreiteten Sandsteine ruht die Kalksteinformation, welche
ich ehemals *Alpenkalk*[1] genannt habe, und in welcher die
pelagischen Versteinerungen stets dicht zusammengedrängt,
oder auf grofsen Höhen isolirt vorkommen. Dunkel rauch-
graue Farbe, kleine Trümmer von weifsem Kalkspath, eine
aus dem dichten ins körnige übergehende Textur, und häufige Schichten von Schieferthon charakterisiren sie in der
Andeskette und in Neu-Andalusien, wie in Ober-Bayern und
in Piemont. Dieser Alpenkalkstein dient zur Unterlage einem
blattrigen Gyps, der bisweilen Schwefel und Steinsalz enthält. Auf diesen Gyps folgen neuere Formationen, als ein
zweyter röthlich-weifser dichter Kalkstein, dessen ebener
Bruch an das flachmuschlige grenzt, und der oft Höhlen enthält — ein Kalkstein, der dem des Jura, des Monte-Baldo
und dem von Mittel-Ägypten analog ist. Auf diesem *Jura-
kalkstein* ruht *Sandstein mit kalkartigem Bindemittel*, und
auf diesem, doch nicht weit verbreitet und oft verdrückt,

---

[1] Siehe meine Schrift *uber die unterirdischen Gazarten und die Mittel ihren
Nachtheil zu vermindern*, S. 47.

faseriger mit Thongallen gemengter *Gyps*, und spätere Kalk-
massen, welche Feuer- und Hornstein, ja in der Provinz
Neu-Barcellona selbst ägyptischen Kiesel[1] einschliefsen. Die
hier geschilderte Folge oder Lagerung der Flözformationen
ist in den grofsen Ebenen zwischen dem Orinoco, Rio
Negro und Amazonenflusse schwer zu erkennen, weil dort
alles, was einst das alte Conglomerat zu bedecken schien,
durch spätere Naturrevolutionen weggeschwemmt worden
ist. Aber sie zeigt sich deutlich in der Provinz Cumana
(in der Flözkette des Tumiriquiri), in den hohen Gebirgsebenen von Neu-Grenada und im Königreich Neu-Spanien,
wo mein Freund, Herr Del Rio, längst vor mir die interessantesten Beobachtungen darüber angestellt hat.

Aber Trotz der angedeuteten Analogie, welche zwischen
beyden Kontinenten und allen Zonen in der Natur der
Gebirgsarten, ihrer Schichtung und Lagerung sich findet,
bieten die Äquatorial-Regionen doch auch mehrere Erscheinungen dar, welche ihnen gleichsam ausschliefslich
zugehören. Eine der auffallendsten ist die ungeheure *Mächtigkeit* und *Höhe*, in welcher man alle, dem Granit in Alters-
folge nachstehende Schichten in den Tropen antrifft. In
dem westlichen Theile der europäischen Centralkette bestehen die höchsten Berggipfel aus Granit. Der Glimmerschiefer
scheint hier die Höhe von zwey tausend vier hundert Meter
(1230 Toisen) nicht haben übersteigen zu können, während
dafs der Granit im Mont-Blanc noch vier tausend sieben

---

[1] In Ägypten selbst findet sich dieser Kiesel nie im Kalkstein, sondern in
einem alten Conglomerat, aus welchem auch die Memnons-Statuen bestehen.

hundert fünf und siebzig Meter (2450 Toisen) hoch zu Tage
erscheint. In der Andeskette ist diese letzte Gebirgsart fast
stets durch neuere Formationen versteckt. Man könnte viele
Jahre lang in dem Königreich Quito und in einem grofsen
Theile von Peru und Mexico umherreisen, ohne je den
Granit kennen zu lernen. Am höchsten habe ich diesen
letztern im neuen Kontinente sich in den Andes von Quindiu, und doch nur zu drey tausend fünf hundert Meter (1795
Toisen) erheben gesehen. Die mit ewigem Schnee bedeckten
Gipfel des Chimborazo, Cayambe und Antisana, zu sechs
tausend fünf hundert vier und vierzig, fünf tausend neun
hundert und fünf, und zu fünf tausend acht hundert drey
und dreyfsig Meter (3357, 3030 und 2993 Toisen), bestehen aus Porphyr. Dagegen bemerkt man dichten Kalkstein
in Peru, bey Micuipampa, auf drey tausend sieben hundert
Meter (1897 Toisen): Glimmerschiefer am Tolima, einem
Schneeberge des Königreichs Neu-Grenada, in vier tausend
fünf hundert Meter (2308 Toisen): Basalt am Vulkan
Pichincha, unfern der Stadt Quito, auf vier tausend sieben
hundert sechs und dreyfsig Meter (2430 Toisen) Höhe. In
Deutschland hat man den Basalt am höchsten in der Schnee-
grube[1], tausend zwey hundert sechs und achtzig Meter
(660 Toisen) hoch, über dem Meere gefunden. Mineralogen,
welche den Porphyr des Chimborazo, alle Basalte und Grün-

---

[1] *Geognostische Beobachtungen auf Reisen durch Deutschland und Italien, von
Leopold von Buch, B. I, S.* 122 : eine Schrift, welche von dem Beobachtungs-
geiste und dem bewundernswürdigen Genie ihres Verfassers zeugt, und in
fremden Sprachen bekannt zu werden verdient.

steine nicht durch unterirdisches Feuer verändert, sondern
von diesem ursprünglich erzeugt halten, müssen diese Betrachtungen über die *obere Grenze* der Formationen für
nicht minder wichtig halten, da es in der beschreibenden
Geognosie, welche eine zuverläfsige Wissenschaft ist, auf
den gegenwärtigen Zustand der Dinge, und nicht auf Vermuthungen über den Ursprung und die frühesten Katastrophen der Natur ankommt.

Die Steinkohlenflöze von Santa-Fé, nahe an dem grofsen
Wasserfalle der Tequendama, liegen zwey tausend sechs
hundert drey und dreyfsig Meter (1352 Toisen) hoch. Bey
Huanuco in Peru soll man Steinkohlen im dichten Kalkstein, in einer Höhe von vier tausend fünf hundert Meter
(2308 Toisen), also fast weit über aller jetzigen Vegetation,
entdeckt haben. Das Plateau von Bogota, welches sich zwey
tausend sieben hundert Meter (1383 Toisen) hoch über
der Meeresfläche erhebt, ist mit Flözformationen, mit dichtem Kalkstein voll Seemuschel-Versteinerungen, mit Sandstein, Gyps und Steinsalz angefüllt. Ich zweifle, dafs man
je irgendwo in Europa Steinsalz oder Steinkohlen über zwey
tausend zwey hundert Meter (1128 Toisen) hoch angetroffen hat. Was begründet diefs Vorkommen derselben Fossilien auf so verschiedenen Höhen unter dem Äquator und
in der gemäfsigten Zone?

Die versteinten Seemuscheln, welche man im alten Kontinent auf der gröfsten Höhe entdeckt hat, sind die des
Mont-Perdu, dem höchsten Gipfel der Pyrenäen. Sie liegen drey tausend fünf hundert sechs und sechzig Meter

(1727 Toisen) über dem Meeresspiegel erhaben. In der Andeskette sind die Spuren organischer Körper der Vorzeit
im Ganzen ziemlich selten, weil Kalkstein und Sandsteine
mit kalkartigem Bindemittel überhaupt den Äquatorial-
Regionen von Amerika weniger als unseren Klimaten eigen
zu seyn scheinen. Doch sind bey Micuipampa, einem Berg-
städtchen, dessen südliche geographische Breite ich 6° 45' 38''
gefunden habe, Echiniten, Austern- und Herzmuschel-Ver-
steinerungen, zwey hundert Meter (102 Toisen) höher als
der Gipfel des Pico von Teneriffa, auf drey tausend acht
hundert acht und neunzig Meter (2000 Toisen) Höhe entdeckt worden. In den Gebirgen von Huancavelica, südöst-
lich von Lima, liegen die Reste alter pelagischer Schaalthiere
gar bis vier tausend drey hundert Meter (2205 Toisen) Höhe.
Alle fossile Elephanten-Knochen, welche ich aus der hohen
mexicanischen Gebirgsebene, aus der von Suacha bey Santa-
Fé de Bogota, aus Quito und Peru mitgebracht, und unter
welchen Cuvier Reste einer neuen, vom Mammut sehr verschiedenen Gattung bemerkt hat, kommen in grofsen Höhen
wenigstens zwischen zwey tausend drey hundert und zwey
tausend neun hundert Meter (1179 und 1488 Toisen) Höhe
vor. Ich weifs kein Beyspiel, dafs man Elephanten-Knochen
tiefer am Fufse der Andeskette, also *in warmen Erdstri-*
chen entdeckt hätte; denn die berufenen Riesen-Knochen,
die ich am Cap von S.ᵗ Helena, nördlich von Huayaquil,
habe ausgraben lassen, sind weder von Menschen noch von
Elephanten, sondern von mächtigen Seegeschöpfen (Cetaceen).
In der gemäfsigten Zone sind tausend Meter (513 Toisen)

mächtige Schichten schon sehr selten. In Neu-Spanien und
Peru, am steilen Abfalle der Kordilleren oder in tief ein-
gefurchten Thälern, erkennt man eine Mächtigkeit der
Porphyrformation von zwey tausend neun hundert bis drey
tausend zwey hundert Meter (1488 bis 1642 Toisen). Die
Pechstein-Porphyre des Chimborazo sind über drey tausend
sieben hundert Meter (1897 Toisen) mächtig. Der Sandstein
in dem Flözgebirge von Cuença (zwischen Quito und Loxa)
hat tausend sechs hundert Meter (821 Toisen) : die sonderbare Formation von reinem Quarzfels, östlich von Caxa-
marca, welche der peruanischen Andeskette eigenthümlich
zu seyn scheint, hat zwey tausend neun hundert Meter
(1488 Toisen) Mächtigkeit. Keine dieser weit- und hoch-
verbreiteten Gebirgsarten ist durch das Vorkommen fremd-
artiger Lager und Flöze unterbrochen !

Noch charakterisiren die Äquatorial-Region folgende geognostische Phänomene, welche an anderen Orten umständ-
lich entwickelt werden sollen : Unbeschreiblich grofse Frequenz und Mannichfaltigkeit der Porphyrformationen ; stetes
Vorkommen der Hornblende[1], Mangel des Quarzes und Sel-
tenheit des Glimmers in diesem Porphyr ; mächtige Schwe-
fellager, nicht etwa im Gyps oder im Kalksteine, sondern,
fern von Vulkanen, in Urgebirgen ; Überflufs an allen

---

[1] Alle Tropen-Porphyre des neuen Kontinents enthalten Hornblende, meist
zweyerley Feldspath, glasigen und gemeinen, oft Olivin, Augit und etwas Glimmer. Bisweilen sind sie polarisirend : so die, welche wir bey Voisaco, in der
Provinz Pasto (Königreich Neu-Grenada) entdeckt, meinem Bayreuther Ser-
pentin-Hornblendschiefer physikalisch ähnlich.

Metallen aufser dem Bley; das Vorkommen der Pacos-
Schichten oder eines innigen Gemenges von Thonerde,
oxidirtem Eisen, gediegenem und kochsalzsaurem Silber;
die verschiedene Höhe, in welcher die Natur diese Metall-
schätze[1] vertheilt hat, in Peru drey tausend fünf hundert
bis vier tausend ein hundert Meter (1795 bis 2103 Toisen)
hoch, und in Neu-Spanien, in milderen Bergregionen,
kaum tausend sieben hundert oder zwey tausend sechs
hundert Meter (872 oder 1332 Toisen) hoch; Frequenz
des Quecksilbers, das in der ganzen Andeskette in zahllosen
Gängen zerstreut ist, aber wenig und meist fruchtlos bearbeitet wird.....

Kein Theil der bekannten Erde ist gröfseren vulkanischen
Revolutionen unterworfen, als die Andeskette. Vom Cap
Horn bis Analasca, zählt man noch heut zu Tage über vier
und fünfzig brennende Vulkane. Die feuerspeyenden Berge,
welche sich am meisten von der Meeresküste entfernen, sind

---

[1] Die Fülle silberhaltiger Erze ist so grofs, dafs mit zunehmender Bevölkerung
im Neuen Kontinent das Spanische Amerika, dessen Gold- und Silber-Ausbeute
gegenwärtig acht und dreyfsig Millionen Piaster beträgt, dieses Produkt wahrscheinlich dreymal vergrofsern kann. Neu-Spanien, in dem die Industrie so zu
sagen erst vor Kurzem zu erwachen anfängt, liefert jährlich zwey und zwanzig
bis fünf und zwanzig Millionen Piaster, während es im Anfange des achtzehnten
Jahrhunderts kaum eine Ausbeute von fünf bis sechs Millionen hatte! Die einzige
Münze der Hauptstadt Mexico hat seit der Entdeckung von Amerika tausend
neun hundert Millionen Piaster nach Europa gesandt, eine ungeheure Summe,
welche von Westen nach Osten geht, und grofsentheils in China und Indostan
existiren mufs. Über den Silberbergbau und die amerikanische Amalgamation
haben wir vortreffliche Beobachtungen von Herrn Berginspektor *Sonnenschmidt*
(der viele Jahre lang die Mexicanischen Gebirge durchreiset hat) zu erwarten.

der Popocatepec, der, nach meinen astronomischen Länge-
Beobachtungen, sieben und dreyfsig, und der Cotopaxi, der
vierzig Seemeilen landeinwärts liegt. Die Vulkane von Quito
speyen gegenwärtig nicht fliefsende Laven, sondern nach
aufsen verschlackte oder an den Seitenkanten erweichte
Stücke von Grünstein, Basalt und Perlstein-Porphyr, Obsi-
dian, Bimsstein, ungesalzenes, aber mit geschwefeltem Hydrogen geschwängertes Wasser, ungeheure teigartige Massen von
gekohltem Letten (in welchem kleine Fische[1] in zahlloser
Menge eingehüllt sind), und die sonderbare Moya, welche
den Indianern zum Brennmaterial dient, und von der, nach
Vauquelin's Analyse, $\frac{26}{100}$ sich ganz wie thierische und vegetabilische Substanzen verhalten. In einer mit Indigo sorgsam
bepflanzten mexicanischen Ebene, ein und dreyfsig Meilen
von der Südseeküste, ist in der Nacht des 14ten Septembers
1759 der Vulkan Jorullo von zwey bis drey tausend kleinen,
noch rauchenden Kegeln (die Einwohner nennen sie Öfen)
aus der Erde emporgestiegen. Der grofse Vulkan hat in
Kurzem die Höhe von vier hundert vier und achtzig Meter
(248 Toisen) über der alten kultivirten Flur, oder tausend
zwey hundert und drey Meter (619 Toisen) über der Mceres-
fläche erreicht. Sein Krater ist noch entzündet; aber mit
vieler Arbeit sind wir, Bonpland und ich, zwischen den
offenen Spalten bis zu seinem Grunde gelangt. Die in diesem
Krater gesammelte Luft war beträchtlich mit Kohlensäure

---

[1] Pimelodes Cyclopum. Siehe meine *Beobachtungen aus der Zoologie und
vergleichenden Anatomie, Seite* 39.

geschwängert. Sollten vielleicht mehrere Kuppen von weifsem aufgelöstem Porphyr durch vulkanische Dämpfe umgewandelte Granite und eines ähnlichen Ursprungs seyn, als Herr von Buch so scharfsinnig von den emporgehobenen Porphyren von Auvergne und Santorino erwiesen hat?

Entfernung, in welcher Berge auf der Meeresfläche sichtbar sind.

Da mein Naturgemälde eine grofse Menge beträchtlicher Höhen enthält : so glaubte ich, dasselbe auch dadurch interessant zu machen, dafs es zugleich die gröfstmögliche Entfernung angebe, in welcher erhabene Gegenstände in der Ebene sichtbar sind. Diese Entfernung hängt bekanntlich von der Krümmung der Erde, von der Höhe des Gegenstandes, und von der Stärke der irdischen Refraction ab. Wegen der Veränderlichkeit des letztern Elementes ist die Scale mit Vernachläfsigung desselben berechnet worden. Wenn man die angegebenen Entfernungen (welche zugleich auch die Halbmesser des Gesichtskreises auf dem Gipfel der Berge sind) mit den Weiten vergleicht, in welchen Schifffahrer oft den Pico von Teneriffa, den azorischen Kegelberg, den Orizava, die Schneegebirge von Santa-Martha, und den Tafelberg gesehen zu haben vorgeben : so mufs man diesen Unterschied weniger anomalischen Strahlenbrechungen, als vielmehr der Unkunde des Schifforts (der geographischen Länge und Breite) zuschreiben. Man glaubt sich nähmlich weiter von dem gesehenen Gegenstande entfernt, als man wirklich ist. Der Strahlenbrechung geht es

auf dem Meere, wie den Strömungen (Courans), deren
Einflufs oft blofs defshalb übertrieben wird, weil man
unerwartet auf Klippen und Inseln stöfst, von denen man
sich, aus Mangel richtiger astronomischer Bestimmungen,
sehr fern glaubt.

Unter den Tropen, wo die irdische Strahlenbrechung
weit regelmäfsiger und minder wechselnd ist, sind Höhenwinkel von grofsem noch nicht genugsam erkanntem Nutzen
für die Schiffahrt. Der Pico von Teyde, der Sattelberg von
Caraccas, und der Orizava an der Küste von Vera-Cruz,
sind leitende, von der Natur errichtete Signale, die dem
vorbeysegelnden Schiffer von dem gröfsten Nutzen seyn
können, wenn er sie gehörig zu benutzen weifs. Ist nähmlich die Höhe eines solchen Küstenberges und seine geographische Position genau bekannt : so können sehr einfache
Beobachtungen den Ort der Schiffer bestimmen. Ich habe
in diesen letztverflossenen Jahren viele Beobachtungen dieser
Art, theils in der Südsee, theils im atlantischen Oceane
angestellt. Churruca hat sogar Tafeln für die Entfernungen
berechnet, in welchen der Pico von Teneriffa sich unter
bestimmten Höhenwinkeln zeigt.

Die Scale, welche das Naturgemälde über diesen Gegen-
stand enthält, bietet zugleich der Einbildungskraft die weiten
Landesstrecken dar, welche das Auge von dem höchsten
Gipfel der Andes übersehen würde, wenn nicht Nebel und
Gewölk den Genufs dieses majestätischen Schauspiels dem
Reisenden so selten machten. Der Durchmesser dieser Stre-
cken würde für mich am Chimborazo, bey meiner Reise zu

dem Gipfel desselben, sieben und neunzig Meilen; er würde
für Herrn Gay-Lussac, bey seiner letzten Luftreise, hundert
und sechs Meilen gewesen seyn : aber Wolken haben uns
beyden den Anblick der niederen Regionen entzogen.

Untere Grenze des ewigen Schnees.

Ich habe oben, wo ich von der allmähligen Abnahme der
Wärme in den hohen Luftschichten handelte, Beobachtungen
angeführt, welche es wahrscheinlich machen, dafs über der
Höhe des Mont-Blanc hinaus diese Abnahme unter den
Tropen dasselbe Gesetz, wie in der gemäfsigten Zone, befolgt. In diesen hohen Regionen scheint nähmlich die Wirkung der strahlenden Wärme, welche die Oberfläche unsers
luftumflossenen Planeten zurückschickt, sehr gering zu seyn.
Ihre Temperatur hängt hauptsächlich von einer Zersetzung
der Sonnenstrahlen bey ihrem Durchgange durch die Licht
verschluckenden und daher Helle mindernden Luftschichten
ab. Ganz anders verhält sich die Abnahme der Wärme in
den tieferen Regionen der Atmosphäre. Von der Meeresfläche an bis auf fünf tausend Meter (2565 Toisen) Höhe
folgt diese Abnahme, wenn man die mittlere Temperatur
vergleicht, anderen Gesetzen als in gröfseren Höhen ; denn
da diejenigen Luftschichten, in welchen der ewige Schnee
der Gebirge sich zu finden anfängt, nach Verschiedenheit
der Breite in verschiedener senkrechter Höhe über der
Meeresfläche liegen : so darf man mit Sicherheit schliefsen,
dafs Luftschichten von einerley mittlerer Temperatur sich
in anderen Höhen unter den Tropen, in anderen in der

gemäfsigten Zone finden. Ist demnach die senkrechte Wärmeabnahme unter dem Äquator bekannt (eine Abnahme,
welche ich von der Meeresfläche bis zur untern Grenze des
ewigen Schnees zu zwey hundert Meter oder hundert und
zwey Toisen, auf einem Grade des hunderttheiligen Thermometers finde): so führt uns diese Betrachtung ganz
natürlich auf ein Mittel, die Höhe des ewigen Schnees
unter allen Breiten durch Rechnung zu bestimmen. Es
kommt blofs darauf an, die Höhe einer Luftschicht zu
finden, deren mittlere Wärme $= + 0°,4$ sey; eine Wärme,
welche der gleich ist, welche ungefähr in dem Anfange der
Schneeregion herrscht. Sey $12°,5$ die mittlere Temperatur
der Ebene unter $45°$ nördlicher Breite: so findet man die
untere Schneegrenze zu 200 $(12°,5 — 0°,4) = 2420$ Meter
oder 1240 Toisen; ein Resultat, das bis achtzig oder hundert
Meter mit den unmittelbaren Saussure'schen und Trallesi-
schen Messungen übereinstimmt. Gegen den Nordpol hin
würde ein Land, dessen mittlere Temperatur in der Fläche
des Meeres $+ 4°$ wäre, den ewigen Schnee in 720 Meter
(369 Toisen) beginnen sehen. Im Allgemeinen findet man
nach dieser Methode die Grenze des ewigen Schnees in
Meter, indem man die durch das hunderttheilige Thermometer ausgedrückte mittlere Wärme der Ebene zwey hundert
Mal nimmt. Eine Formel, in welcher die Schneegrenze als
Function der Breite vorkäme, würde weniger genau seyn,
weil das physikalische Klima meist sehr unabhängig von der
geographischen Lage des Orts ist. Dagegen bietet die ange-
gebene Methode den Vortheil dar, die mittlere Temperatur

eines Landes ohne langjährige Beobachtungen aus der beobachteten Schneehöhe, und zwar sie dazu noch durch ein
Vielfaches zu finden.

Doch ich verlasse spekulative Vermuthungen, welche sich
doch nur auf unvollständige Inductionen gründen, und
kehre, meinem Plane getreu, zu dem zurück, was die
empirische Beobachtung unmittelbar gibt. Die Höhe der
untern Schneelinie nahe am Äquator ist eine der bestimm-
testen und unabänderlichsten Erscheinungen, welche die
Natur darbietet. Bouguer bestimmt diese Höhe auf vier
tausend sieben hundert vier und vierzig Meter (2434 Toisen).
Ein Mittel aus vielen Messungen hat mir etwas mehr, ungefähr vier tausend acht hundert Meter (2462 Toisen) gegeben.
Ein grofser Theil dieses Unterschiedes beruht auf der von
Bouguer vernachläfsigten Wärmecorrection in den Barome-
terformeln, auf der Annahme des Quecksilberstandes am
Meere und auf der verschiedenen Höhe, welche defshalb,
Bouguer und ich, dem Signal von Caraburu zuschreiben,
wie an einem andern Orte gezeigt werden soll. Übrigens
haben die französischen Akademiker sehr richtig bemerkt,
dafs in diesen Äquatorial-Ländern, in welchen die Lufttemperatur das ganze Jahr hindurch dieselbe ist, die Schneegrenze nicht um fünfzig bis sechzig Meter schwankt, und
dafs sie eine rein abgeschnittene sölige Linie bildet, ohne
dafs der Schnee sich an einem Punkte, zum Beyspiele in
den Schluchten und Thälern, tiefer als an den steileren
Abhängen herabzöge.

Es fehlte bis jetzt noch an Messung der Schneelinie gegen

die nördliche Grenze der Tropen hin; und man hätte in der That vermuthen sollen, dafs vom Äquator bis zum zwanzigsten Breitengrade die Senkung dieser Linie beträchtlich seyn könne. Durch barometrische und geodesiche Messungen, die ich in Neu-Spanien am Schneegebirge von Toluca, am Cofre de Perote, am Popocatepec und am Itzaccihuatl angestellt, habe ich gefunden, dafs nahe am Wendekreise des Krebses der ewige Schnee erst in vier tausend sechs hundert Meter (2360 Toisen) beginnt. Der Unterschied zwischen dieser Region und dem Äquator beträgt also kaum noch zwey hundert Meter (102 Toisen). Dagegen fällt Schnee, was sehr auffallend ist, in Neu-Spanien ebenfalls zwischen dem neunzehnten und zwanzigsten Grade der Breite, volle zwey tausend ein hundert Meter (1077 Toisen) tiefer als in Quito; Beweis genug, dafs die augenblicklichen partiellen Erkältungen beyder Länder sehr verschieden sind, während dafs mittlere Temperatur fast ganz mit einander übereinstimmt.

Da Neu-Spanien (das eigentliche alte Anahuac) schon an die gemäfsigte Zone stöfst: so ist die Grenze des ewigen Schnees auch schon darin beträchtlicheren Veränderungen unterworfen, als man in einem Tropenlande erwarten sollte. Im Julius habe ich diese Schneegrenze vier tausend sechs hundert und neunzehn Meter (2372 Toisen), im Februar drey tausend acht hundert und zwanzig Meter (1962 Toisen) hoch über dem Meere angetroffen. Die Andeskette hat, so weit ich sie kenne, nichts, was man einen eigentlichen Gletscher nennen könnte. Diese prachtvolle Naturerschei-

nung, die unabhängig von aller Höhe ist, fehlt den Äquatorial-Ländern ganz, wahrscheinlich weil in denselben nie
sehr viel Schnee auf einmal fällt, und weil die Lufttemperatur jeder Höhe daselbst constant ist. Auf dem Chimborazo
findet man dagegen tiefer als die heutige Schneelinie, wenn
man gräbt, unter mächtigen Sandschichten uralte Schnee-
lagen, welche sonderbare Naturkatastrophen in diese Lage
gebracht haben mögen, und die für ein Alter unsers Planeten zeugen, das vielleicht weiter als der bestrittene Zodiacus
von Dendyra hinaufsteigt! — Man kennt, leider! nicht durch
Messungen die Höhe der Schneegrenze unter dem fünf
und zwanzigsten und dreyfsigsten Grade der Breite. Unter
dem zwey und vierzigsten und sechs und vierzigsten Grade
beträgt sie in Europa an zwey tausend fünf hundert drey
und dreyfsig Meter (1300 Toisen). Ich habe dieses Gesetz,
welches die Schneelinie zu befolgen scheint, in einer eigenen
Abhandlung untersucht, welche im December 1804 in der
ersten Klasse des französischen National-Instituts verlesen
worden ist.

Siedhitze des kochenden Wassers auf verschie-denen Höhen über der Meeresfläche.

Der Wärmegrad, welchen Flüssigkeiten annehmen, ehe
sie zum Sieden übergehen, hängt von ihrer eigenthümlichen
chemischen Natur, und zugleich auch von dem Gewichte
der Atmosphäre ab, welches auf sie drückt. So wie diefs
Gewicht mit der Höhe wechselt, so verändert sich auch

der Siedpunkt selbst. Die nachstehende Tafel drückt das
Gesetz dieser Erscheinung aus:

HÖHE UBER DEM MEERE.	BAROMETERSTAND.	SIEDHITZE DES WASSERS.	
		HUNDERTGR. THERMOMETER.	RÉAUMUR'SCHES THERMOMETER.
Meter	Meter	°	°
0	0,7620	100,0	80,0
1000	0,6792	97,1	77,7
2000 ·	0,6050	94,3	75,4
3000	0,5368	91,3	73,0
4000	0,4741	88,1	70,5
5000	0,4182	84,7	67,7
6000	0,3674	81,0	64,8
7000	0,3203	77,0	61,6

Da von der Oberfläche des Meeres an bis zu tausend
Meter ein Grad niedrigern Siedpunktes drey hundert sieben
und fünfzig Meter Höhenveränderung ausdrückt, und da
zwischen eben dieser Meeresfläche und 7000 Meter ein Grad
noch drey hundert und vier Metern zugehört: so kann man
im Allgemeinen annehmen, dafs bis zur Höhe des Mont-
Blanc ein Thermometergrad ungefähr zehn Linien Barometerdruck oder drey hundert und vierzig Meter (174 Toisen)
Höhe ausdrückt. Ich habe, während meiner Expedition,
eine grofse Menge von Beobachtungen über den Siedpunkt
des Wassers auf den Gipfeln der hohen Andeskette angestellt. Ähnliche Versuche des Herrn Caldas (eines jungen
Mannes aus Popayan, der mit rastlosem Eifer sich der
Astronomie und einigen Theilen der Naturbeschreibung
gewidmet), werde ich in meiner Reisebeschreibung bekannt

machen. Diese Arbeit hat freylich fast kein Interesse für die Meteorologie; selbst die Theorie des Luftdrucks bedarf ihrer wenig: aber sie zeigt doch, welches Grades der Genauigkeit die Bergmessungen mittelst des Thermometers fähig sind, wenn man mit Sicherheit kleine Fractionen eines Grades angeben kann.

Verbreitung der Thiere, nach der Höhe ihres Wohnorts betrachtet.

Um das Naturgemälde der Tropen-Regionen vollständiger zu machen, habe ich eine Scale hinzugefügt, welche die Verschiedenheit der Thiergattungen darstellt, die den schroffen Abhang der Andeskette bewohnen. So weit nur immer die Vegetation in und auf dem Erdkörper hat vordringen können, ist thierisches Leben verbreitet. Im Innern der Bergwerke und Höhlen leben Dermestesarten und ähnliche Insekten, welche sich von unterirdischen Schwämmen nähren. Wie sie, dem Lichte entzogen, aber in der Tiefe des Meeres, benagen Coriphænen, der gefräfsige Chactodon, und zahllose Schaaren von Gewürmen, den Seetang (*Fucus*), dessen Früchte mit gallertartigem Schleime überzogen sind. Weiter aufwärts, zwischen der Meeresfläche und tausend Meter (5l3 Toisen) Höhe, in der Region der Palmen und Bananengewächse, finden sich Riesen-Schlangen (*Boa*), der grasfressende Manati, und Krokodille, die unbeweglich, wie kolossale Statuen von Erz, mit offenem Rachen am Fufse des Conocarpus ausgestreckt liegen. Diefs ist der Wohnplatz des wehrlosen Flufsschweins (*Cavia capybara*), das, wech-

selsweise vom Tiger und Krokodille verfolgt, bald im
Wasser, bald auf dem Lande seine Rettung sucht. Die
Wälder dieser heifsen Zone erschallen von dem Regen ver-
kündenden Geheule der Alouaten, von dem vogelartigen
Gezwitscher der kleinen Sapajou-Affen, und dem stöhnenden
Klagen des Faulthiers, welches den Stamm der silberblättri-
gen Cecropia hinankriecht. Sie sind das Vaterland der
Papagayen, der buntgefiederten Tanagra und des majestätischen Hocco (*Crax pauxi*). Der grofse, aber feige amerikanische Löwe, der furchtbarere prächtig gefleckte Jaguar,
und der schwarze Tiger des obern Orinoco, welcher noch
blutdürstiger als der Jaguar ist, sind die Herren dieser
Wälder. Sie stellen dem kleinen indischen Hirsche (fälsch-
lich *Cervus mexicanus* genannt), der *Sus tajassu* und dem
Ameisenbären nach, dessen dehnbare Zunge an dem Brust-
beine inserirt ist. Die Luft in dieser heifsen Zone, besonders bis fünf hundert Meter Höhe (sey es an den Ufern
grofser Flüsse oder in dem Dickicht der Wälder, oder an
dem Meeresstrande, wo dieser mit Schlamm bedeckt ist),
wimmelt überall von giftigen Stechfliegen und Mücken
(*Mosquitos*), deren unbeschreibliche Menge einen grofsen
und so schönen Theil der Erde dem Menschen fast unbewohnbar macht. Zu diesen Mosquitos gesellen sich noch der
Oestrus Mutisii, der seine Eyer mit unglaublicher Schnel-
ligkeit bis in das Muskelfleisch des Menschen legt und
schmerzhafte Geschwülste erregt; Acari, welche die Haut wie
einen Acker in parallelen Furchen aufschlitzen (*Aradores*);
giftige Spinnen, Ameisen und Termiten, deren gefürchtete

Industrie fast alle menschliche Arbeit zerstört. Alle diese Plagen, von denen die Eingeborenen freylich weniger als Fremde leiden, verbittern den Lebensgenufs in einer übrigens so wundervoll schönen, allbelebten Natur.

Höher aufwärts, in der Region der baumartigen Farrenkräuter, zwischen tausend und zwey tausend Meter (513 und 1026 Toisen) Höhe, findet man nicht mehr Krokodille, Riesenschlangen, Manati (Flufskühe) und Faulthiere. Der Tiger und die Affen werden selten; aber desto häufiger sind hier Heerden von Tapir und Nabelschweinen, und der kleine Jaguar (*Felis pardalis*). Menschen, Affen und Hunde sind in dieser Höhe vom Minirfloh (*Pulex penetrans*), der in der heifsern Region seltner als in der mittlern ist, aufs fürchterlichste geplagt. Zwischen zwey und drey tausend Meter (1026 und 1539 Toisen), in der obern Region der Cinchona, sind gar keine Affen mehr, kein *Cervus mexicanus*; aber die schöne Tigerkatze (*Felis tigrina*), Bären und der grofse Hirsch der Andes. In dieser Höhe, welche zugleich die des Gotthards ist, sind Menschen-Läuse, leider! sehr häufig. Zwischen drey und vier tausend Meter (1539 und 2052 Toisen), in den kalten Gebirgssteppen, lebt die kleine Löwenart, welche die Peruaner *Puma* nennen, und deren Spur wir oft noch höher aufwärts auf frischgefallenem Schnee gefunden haben; der kleine weifsstirnige Bär, und einige Viverren. Mit Verwunderung habe ich Colibri-Arten bisweilen bis zur Höhe des Pico von Teneriffa gefunden. Die Grasfluren und die Region der wollblättrigen Espeletia (*Frailexon*), zwischen vier und fünf tausend Meter (2052

und 2565 Toisen), ist von den sogenannten Kameelscha-
fen [1], von der Vicuña, dem Guanaco und der Alpaca bewohnt, welche in abgesonderten Heerden umher schwärmen.
Llamas finden sich nur als Hausthiere : denn diejenigen,
welche am westlichen Abhange des Chimborazo geschossen
werden, sind (so geht die Sage unter den Eingeborenen)
verwildert, als der Inca Tupayupangi die Stadt Lican, den
alten Sitz des Cochocandi von Quito, zerstörte. Die Vicuña
liebt grofse Höhen, wo bisweilen schon Schnee fällt. Trotz
der Nachstellungen, welche sie seit Jahrhunderten erleiden,
sieht man doch noch, auf dem Andesrücken, Heerden von
drey bis vier hundert, besonders in den Provinzen Pasco
(an den Quellen des Amazonenflusses), Guailas und Caxa-
tambo, besonders in den Gebirgen von Gorgor. Auch um
Huancavelica, Cusco und in der Provinz Cochabamba, wo
das hohe Flufsthal von Cotacages anfängt; kurz überall, wo
der Gebirgsrücken sich zur Höhe des Mont-Blanc erhebt,
ist die Vicuña noch sehr häufig. Dagegen ist es eine recht
auffallende Erscheinung der Thiergeographie, dafs Vicuñas
und die ihnen verwandten Gattungen (Alpaca und Guanaco)
die ganze Andeskette, von Chile an bis zum neunten Grade
südlicher Breite bewohnen, und dafs weiter nördlich, weder
in Quito, noch in den Schnee-Gebirgen von Neu-Grenada,
noch in Neu-Spanien eine Spur ihrer jetzigen oder ehemali-
gen Existenz zu entdecken ist. Der Straufs von Buenos-Ayres

---

[1] Mit gleichem Rechte könnte man sie Antilopenschafe nennen : denn sie
gleichen zugleich dem Kameele, dem Schafe und den Gazellen.

bietet ein ähnliches Phänomen dar : er findet sich nicht
nördlich von der Bergkette von Chiquitos, wo die Waldungen durch Grasfluren (Savanen) unterbrochen sind,
und wo dieser Vogel ähnliche Nahrung und ein ähnliches
Klima geniefsen würde.

Die Thiere und Pflanzen gehen kaum über die Schneegrenze hinaus. Unter ewigem Eise vegetiren zwar noch einige .
Flechtenarten; aber unter den Vögeln ist der Condor der einzige, der diese unermefslichen Einöden bewohnt. Wir haben
ihn in einer Höhe von sechs tausend fünf hundert Meter (3334
Toisen) schweben sehen. Einige Sphinxe und Fliegen, die wir
noch fünf tausend sechs hundert zwey und fünfzig Meter
(2900 Toisen) hoch antrafen, schienen uns durch senkrecht
aufsteigende Luftströme unwillkührlich in diese Regionen
gebracht worden zu seyn. Saussure hat sie ebenfalls auf dem
Gipfel des Mont-Blanc, Ramond an den Ufern des hohen
Bergsees am Mont-Perdu gefunden. Sonderbar, dafs diese
Insekten beobachtet worden sind, so oft Menschen sich auf
Gebirgen zu sehr grofsen Höhen erhoben haben.

Diese zoologische Scale, welche hier nur skizirt erscheint,
enthält die Grundzüge zu einem *zoologischen Gemälde,*
welches nach Analogie dessen entworfen werden könnte,
welches ich für die Pflanzen - Geographie geliefert habe.
Zimmermann's klassisches Werk stellt die Thiere nach Verschiedenheit der geographischen Lage ihres Wohnorts auf
dem Erdboden dar. Es wäre interessant, in einem Profil
die Höhen zu bestimmen, zu welchen sie sich in derselben
Zone, aber in Gebirgsländern erheben.

Kultur des Bodens.

Wir haben bisher die physikalischen Erscheinungen entwickelt, welche die Tropenwelt darbietet; die Modificationen
des Luftkreises; die Natur und Schichtung der Gebirgsmassen;
die vegetabilischen Erzeugnisse des Bodens, und die Thiere,
welche den Gebirgsabhang bewohnen. Es bleibt uns noch
übrig, einen Blick auf den Menschen und die Objekte des
Pflanzenbaus zu werfen. Von der Oberfläche des Oceans
an, bis nahe an den ewigen Schnee, ist die Andeskette von
kupferfarbigen Indianern, wie von afrikanischen und europäischen Ansiedlern bewohnt. Das Bergland, in der politischen Eintheilung der Incas Antisuyu genannt, ist im
Ganzen sogar weit mehr als die Ebene (Contisuyu) kultivirt. Der ackerbauende Fleifs der Völker, ja fast alle pri-
mitive Civilisation des Menschengeschlechts, steht in umge-
kehrtem Verhältnisse mit der Fruchtbarkeit des Bodens und
mit der Wohlthätigkeit der ihn umgebenden Natur. Je
karger diese ist, je unüberwindlicher die Hindernisse sind,
welche sie entgegen stellt; desto stärker werden menschliche
Kräfte aufgeregt, desto früher werden sie durch Gebrauch
entwickelt. Auch bildeten die Gebirgsvölker von Anahuac,
Cundinamarca und Antisuyu schon grofse, wohl organisirte
politische Gesellschaften; schon hatten sie eine intellectuelle
Kultur, welche der von China und Japan nahe kam, als
in den fruchtbaren Ebenen, welche sich östlich von der
Andeskette gegen das Meer hin erstrecken, die Menschen
noch, zerstreut und nackt, ein thierisches Leben führten.

Wenn aber die moralische Kultur des Menschengeschlechts sich früher in der gemäfsigten, dem Pole nähern Zone, als in der reichern Tropen-Natur entwickeln mufste; wenn man einsieht, warum diese Kultur früher auf den hohen Gebirgsebenen der Andes, als an dem Ufer grofser Flüsse begann: so drängt sich desto lebhafter die Frage auf, warum der schon gebildete, ackerbauende Mensch nicht in jene glücklichen Klimate zurückzieht, wo der Boden ungepflegt darbietet was in der kältern ärmern Zone ihm nur durch mühevolle Arbeit abgewonnen werden kann. Was bestimmt den Indianer in einer Höhe von drey tausend drey hundert dreyzehn Meter (1700 Toisen) unter einem eisigen unfreundlichen Himmel ein steiniges Erdreich zu beackern, während dafs, kaum eine Tagereise von seiner Hütte entfernt, ganze fruchtbare Ebenen am Fufse des Gebirges unbewohnt liegen? Welchen Reitz hat ein Land, wo zu allen Jahrszeiten Schnee fällt, wo alle Nächte das Wasser gefriert, und wo der Felsboden nur mit wenigen krüppligen Sträuchen bedeckt ist? Dieser Reitz ist der des Vaterlandes; jener Bestimmungsgrund liegt in der Macht der Gewohnheit.

In unserm Europa sind die Dörfer, welche am höchsten liegen, tausend sechs hundert bis tausend neun hundert Meter (821 bis 974 Toisen) über der Oberfläche des Meeres erhaben. So liegt in den Schweizer- und Savoyer-Alpen:

	Meter.	Toisen.
Das Dorf Saint-Jacques de Val d'Ayas in einer Höhe von	1631	837.
Das Dorf Saint-Remy	1604	823.
Das Dorf d'Eleva, am Cramont	1308	672.

	Meter.	Toisen.
Das Dorf Lans-le-Bourg am Mont-Cenis in einer Höhe von . .	1388	712.
Das Dorf Formaza	1263	648.

In den Pyrenäen liegt :

	Meter.	Toisen.
Das Dorf Heas in einer Höhe von	1465	752.
Das Dorf Gavarnie	1444	741.
Das Dorf Barège	1290	662.

Höher aufwärts gibt es bey uns keine beständigen Menschenwohnungen[1], sondern nur Sennhütten, welche die Hirten im Sommer bewohnen. In Peru dagegen hat man Städte, wie Pasco, Huancavelica und Micuipampa, fast in der Höhe des Pico von Teneriffa, und über zweyfach höher als der Gipfel der schlesischen Schneekoppe erbaut. Die ofterwähnte Viehmeyerey am Vulkan Antisana, im Königreiche Quito, liegt gar vier tausend ein hundert und zwölf Meter (2110 Toisen) über dem Meere, und ist vielleicht der höchste Ort, welchen unsere Race bleibend auf dem Erdboden bewohnt.

Der Pflanzenbau wird in der Tropenwelt durch die Verschiedenheit der Klimate bestimmt, welche wiederum eine Folge der Gebirgshöhen sind. Von der Meeresfläche an bis zu tausend Meter (513 Toisen) Höhe kultiviren die Eingeborenen Pisang, Maïs, Jatropha, Dioscorea bulbifera,

---

[1] Ich rechne nicht das Kloster S. Bernhard, welches freylich zwey tausend vier hundert acht und zwanzig Meter (1246 Toisen) hoch liegt, aber mit den Wohnungen, welche Menschen sich (aus eigenem Triebe und sich selbst Unterhalt verschaffend) auswählen, keineswegs verglichen werden kann.

Cacao und die dem Cacao verwandte Theobroma Bacao.¹
Diefs ist die Region der Ananas, der Orangen, der Mamea,
des Nispero (*Achras*) und so vieler anderen wohlschmecken-
den Früchte. Die Europäer haben hier Zuckerrohr, Indigo
und Kaffe eingeführt — neue Zweige des Pflanzenbaus.
welche, statt wohlthätig zu werden, vielmehr Unmoralität
und grenzenloses Elend über das Menschengeschlecht verbreitet haben : denn die Einführung afrikanischer Sklaven,
indem sie einen Theil des alten Kontinents entvölkert, be-
reitet dem neuen blutige Schauspiele der Zwietracht und
Rachgier.

In der gemäfsigtern Zone, zwischen tausend und zwey
tausend Meter (513 und 1026 Toisen) werden Zuckerrohr,
Indigo, Pisang und Jatropha Manihot immer seltner. Der
Kaffe besonders liebt eine kühlere Luft und steinigte Berggehänge. Baumwolle wird hier noch mit grofsem Vortheil
gepflanzt, aber nicht Cacao und Indigo, welche nur in der
glühendsten Sonnenhitze gedeihen. Zwar wird im Königreich
Quito Zuckerrohr noch in zwey tausend fünf hundert drey und
dreyfsig Meter (1300 Toisen) Höhe kultivirt; aber in solchen
Gebirgsebenen bedarf es Schutz vor kalten Winden und
Reflex der strahlenden Wärme. Zwischen tausend und tausend
fünf hundert Meter (513 und 769 Toisen) herrscht das

¹ Im Choco. Der Bacao hat eine grofse, ungeheuer barte Frucht, die der
Cocosnufs ähnlich sieht, und welche die Indianer zu Chocolaten-Tassen verar-
beiten. Die Zeichnung, die ich davon in Carthago (in der Provinz Popayan)
gemacht, befindet sich in dem ersten Bande unserer *Plantæ æquinoctiales* in
Kupfer gestochen (Pl. XXX a et XXX b).

Klima, welches der europäische Ansiedler allen anderen
vorzieht, weil in demselben ewig milde Frühlingsluft weht,
und die Atmosphäre von stechenden Insekten frey ist. Hier
kommen gewisse Früchte, besonders *Anona Chirimoya*, zu
einer aufserordentlichen Vollkommenheit. Diefs ist die freund-
liche Region, in der Caraccas, Loxa, Guaduas, Popayan,
Ibague, Huancabamba, Chilpanzingo, Valladolid und Xalappa
liegen; Städte, deren Fluren mit anmuthigen, ewig blühenden Fruchtgärten geschmückt sind.

Zwischen tausend und tausend zwey hundert Meter (513
und 615 Toisen) Höhe beginnt in den Äquinoctial-Ländern
des neuen Kontinents die Kultur der eingeführten europäischen Getreidearten. Diese nahrhaften Gräser, stete Begleiter
aller kaukasischen Völker, ertragen, wie der Mensch, die
verschiedensten Klimate, die Tropenhitze und die Kälte,
welche das ganze Jahr hindurch nahe an der Schneegrenze
herrscht. In der Insel Cuba, in zwey und zwanzig Grade
nördlicher Breite, wird wirklich Weitzen mit vielem Vortheil
kaum hundert und fünfzig Meter (77 Toisen) hoch über dem
Meere gebaut. In der Provinz Caraccas, zwischen Turmera
und La Victoria, in einer Höhe von fünf hundert Meter
(256 Toisen), sieht man schöne Kornfelder; und, was noch
auffallender ist, in den Thälern von Aragua werden in *einer*
Ebene dicht neben einander Zuckerrohr, Indigo, Caeao und
europäischer Weitzen kultivirt. Doch gehören besondere
Lokalumstände dazu, wenn unsere Getreidearten in so niedrigen heifsen Gegenden volle Ähren geben sollen. Ihre wahre
Höhe unter den Tropen, diejenige, in welcher sie überall

reiche Ärnten versprechen, fängt erst mit tausend vier hundert Meter (717 Toisen), ungefähr mit der Höhe des Brennerpasses an. Im Königreich Neu-Spanien, zum Beyspiele, schiefst der Weitzen um Xalappa (nach meinen Beobachtungen in 19° 30′ 40″ nördlicher Breite, und tausend drey hundert zwölf Meter oder 674 Toisen hoch über dem Meere) zwar schnell und üppig in Halme. Man bedient sich derselben zur Viehfütterung; aber die Ähren sind fast ohne reifes Samenkorn. Selbst der Anfang der einträglichen Weitzen-Kultur ist in Mexico sehr ungleich an dem östlichen und westlichen Abfall der Bergkette. Auf jenem beginnt die Kultur erst im kalten Plateau von Perote in zwey tausend drey hundert zwey und dreyfsig Meter (1197 Toisen) Höhe; während dafs ich sie in diesem, gegen die Südsee hin, bis Chilpanzingo in tausend zwey hundert neunzig Meter (663 Toisen) Höhe habe herabsteigen sehen. Aber dieser beträchtliche, jedem Reisenden so auffallende Unterschied ist *zum Theil* auch dem Umstande zuzuschreiben, dafs östlich von Perote das Gebirge sehr prallig und zur Kultur wenig geschickt ist. Im Ganzen gedeiht europäisches Getreide in Neu-Spanien, wie in Peru, Quito und Neu-Grenada, am befsten tausend sechs hundert bis zwey tausend Meter (821 bis 1026 Toisen) hoch über dem Meere. Der Mittelertrag dieser fruchtbaren Erdstriche ist fünf und zwanzig bis dreyfsig Körner für eines.

Höher als tausend acht hundert Meter (923 Toisen) bringt der Pisang selten reife Früchte hervor; aber die Pflanze selbst erträgt noch die Bergkälte, welche in zwey tausend

fünf hundert Meter (1281 Toisen) herrscht : nur sin
Strunk und Blätter hier schon kleiner und weniger saftreic
In der milden Mittelzone, zwischen tausend sechs hunde
und zwey tausend Meter (821 und 1026 Toisen) herrsch
vorzüglich die Kultur der Cocca (*Erythroxylum per*
vianum). Wenige Blätter dieser speicheltreibenden, den
Europäer unschmackhaft scheinenden Pflanze, mit ung
löschtem Kalk gemengt, nähren den genügsamen Indian
auf langen Reisen in der Cordillere. Zwischen zwey un
drey tausend Meter (1026 und 1539 Toisen) Höhe wir
der Ackerbau (Weitzen- und Quinoa - Kultur) am sorg
samsten betrieben. Die grofsen Gebirgsebenen, welche sic
gerade in dieser Höhe so häufig in der Andeskette finder
und von denen viele fünfzig bis sechzig Quadratmeile
Flächeninhalt haben, begünstigen diese Kultur. Ihr gleich
förmig ebener (söliger) und defshalb leicht zu beackernde
Boden läfst vermuthen, dafs sie alte, sey es abgelaufene, ode
aus Mangel von Zuflufs durch Verdampfung ausgetrocknet
Seen sind. Wo der Acker über drey tausend drey hunde
Meter (1693 Toisen), also fast wie der Gipfel des Ätn
über dem Meere erhaben ist, da werden Nachtfröste un
Hagel oft dem Getreide schädlich. Maïs findet sich fast ga
nicht mehr in zwey tausend vier hundert Meter (1230 Toiser
Höhe. Zwischen drey und vier tausend Meter (153
und 2052 Toisen) ist die Hauptkultur die der Kartoffe
(*Solanum tuberosum*), deren Wurzel oft eine Gröfse vor
sechs Zoll erreicht, und dabey mehlreicher und wohlschme
ckender als in Europa ist. In drey tausend vier hunder

Meter (1744 Toisen) Höhen säet man nicht mehr Weitzen, sondern blofs Gerste, und auch diese leidet hier augenscheinlich von der mangelnden Wärme. Hier sind wir fast an die obere Grenze aller Pflanzenkultur gelangt : denn drey tausend sechs hundert Meter (1846 Toisen) über dem Meere hört sie gänzlich auf. Die Menschen wohnen hier zerstreut mitten unter zahlreichen Heerden von Llamas, Schafen, Pferden und Rindern, welche sich oft bis in die Region des ewigen Schnees verlieren. So bietet die Scale des Ackerbaus das Bild menschlicher Industrie, von dem Innern der Bergwerke bis zu dem beschneyten Gipfel der Andes dar.

Höhe der vornehmsten Berge auf der Erde.

Da alle physikalischen Erscheinungen, welche in dem Naturgemälde der Tropen angedeutet worden sind, sich an die Idee von Messung und Höhe anknüpfen : so schien es interessant, am Ende dieses Versuchs eine Sammlung der, in verschiedenen Erdgegenden gemessenen Punkte beyzufügen. Diese Sammlung, welche die nachfolgende Übersicht enthält, wird unstreitig denen zu merkwürdigen Vergleichungen Anlafs geben, welche die Natur im Grofsen zu beobachten und ihre geognostischen Ahndungen durch Thatsachen zu begründen suchen.

Die Zeichnung selbst stellt die gröfsten Höhen dar, zu welchen Menschen [1] bisher über der Meeresfläche gelangt

---

[1] Die gröfste Tiefe, welche Menschen in Bergwerken unter den Tropen (und vielleicht irgendwo?) erreicht haben, ist die Mina de Valenciana, welche fünf hundert und zehn Meter (263 Toisen) tief ist, deren Tiefstes aber noch tausend

sind. Saussure's Reise nach dem Mont-Blanc bis vier tausend sieben hundert fünf und siebzig Meter (2450 Toisen), Bouguer's und La Condamine's Reise nach dem Gipfel des Corazon vier tausend acht hundert vierzehn Meter (2470 Toisen) hoch, und der Punkt, zu welchem ich an dem Chimborazo gelangt bin, fünf tausend acht hundert zwey und neunzig Meter (3023 Toisen), finden sich darauf bemerkt: aber alle diese Höhen bleiben noch tief unter der zurück, zu welcher sich mein Freund, Herr Gay-Lussac, allein in einem Luftball über Paris am 16ten September 1804 erhoben hat. Er ist noch vier hundert zwey und siebzig Meter (243 Toisen) höher als der höchste Gipfel der Andeskette gelangt. In sieben tausend und sechzehn Meter (3600 Toisen) senkrechter Höhe hat er wichtige Beobachtungen über den Magnetismus und über die chemische Beschaffenheit des Luftkreises gemacht. Sein Unternehmen wird stets, als ein schönes Denkmal menschlicher Kühnheit und aufopfernder Liebe für die Wissenschaften betrachtet werden.

---

sechs hundert fünf und neunzig Meter (870 Toisen) über der Oberfläche der Südsee erhaben ist. Die höchsten Werke menschlicher Baukunst (die Pyramiden des Chops und das Münster in Strasburg) haben hundert drey und vierzig und hundert zwey und dreyfsig Meter, oder 74 und 68 Toisen.

ÜBERSICHT

DURCH MESSUNG BESTIMMTER HÖHEN.

~~~~~~~~~~~~~~~~~~~~~~

DIE Klammer ist da hinzugefügt, wo die Messung sehr ungewifs scheint. Die mit *H* bezeichneten Höhen sind von mir selbst bestimmt, sey es barometrisch oder trigonometrisch. Einige derselben werden wahrscheinlich in der Folge noch kleine Veränderungen erleiden, da zur Ausarbeitung gegenwärtiger Schrift nicht alle Correctionen mit der Genauigkeit angewandt worden sind, als es die angestellten Beobachtungen möglich machen. In dem Bande astronomischer Beobachtungen und barometrischer Messungen werden alle von mir im Neuen Kontinente bestimmte Höhen sorgfältig berechnet erscheinen.

Alle indischen und spanischen Namen sind so geschrieben, wie die Spanier in Amerika sie zu schreiben pflegen. Um sie gehörig auszusprechen, mufs man defshalb die Regeln der spanischen Aussprache befolgen. Chimborazo wird Tschimborasfo; Pichincha wird Pitschinscha; Chile wird Tschile, fast Schile; Quito wird Kito; Cupique wird Cupike; Marañon wird Maranion; Xalappa wird Chalappa; Xagua wird Chagua, fast Hagua, ausgesprochen.

GEMESSENE HÖHEN.	ÜBER DER MEERESFLÄCHE,		NAMEN DER BEOBACHTER.
	IN METERN.	IN TOISEN.	
A. IN AMERIKA. Chimborazo. . . . . {	6544	3358	*Humboldt.*
	6275	3220	*Bouguer, la Condamine.*
	6587	3380	Don *Jorge Juan* und *Ulloa.*
Cayambe - Urcu . . . . {	5905	3030	*Bouguer, la Condamine.*
	5954	3055	*H.*
Antisana . . . . {	5833	2993	*H.*
	5878	3016	*Bouguer.*
Cotopaxi	5753	2952	*Bouguer.*
Rucu-Pichincha . . . . {	4868	2498	*H.* (nach der Laplace'sch. Barometerformel.)
	4816	2471	Don *Jorge Juan.*

GEMESSENE HÖHEN.	ÜBER DER MEERESFLÄCHE,		NAMEN DER BEOBACHTER.
	IN METERN.	IN TOISEN.	
Guagua Pichincha	4740	2432	*La Condamine.*
Tungurahua, nach den Ausbrüchen von 1772 und der grofsen Naturrevolution von 1797.	4958	2544	*H.*
Vorher im Jahr 1742	5106	2620	*La Condamine.*
Stadt Quito	2935	1506	*H.* (nach der Laplace'seb. Barometerformel).
Stadt Santa-Fé-de-Bogota . .	2625	1347	*H.*
Stadt Mexico	2294	1177	*H.*
Stadt Popayan	1756	901	*H.*
Stadt Cuença (Provinz Quito) .	2514	1290	*H.*
Stadt Loxa (Provinz Quito) .	1960	1006	*H.*
Stadt Caxamarca (Peru) . . .	2748	1410	*H.*
Stadt Micuipampa (Peru). . .	3557	1825	*H.*
Stadt Caraccas.	810	416	*H.*
Meyerey Antisana (Prov. Quito)	4095	2101	*H.*
Popocatepec (der Vulkan von Mexico).	5387	2764	*H.*
Itzaccihuatl (Sierra Nevada de Mexico).	4796	2461	*H.*
Sitlaltepetel oder Pico de Orizaba (Neu-Spanien).	5305	2722	*H.*
Nauvpantepetel oder Coffre de Perote (Neu-Spanien).	4026	2066	*H.*
Nevado de Toluca (Neu-Spanien)	4607	2364	*H.*
Vulkan von Jorullo, aus der Ebene emporgehoben, 1759 (Neu-Spanien).	1204	618	*H.*
Eliasberg (Nordwestküste von Amerika).	5513	2829	Expedition der spanischen Seefahrer *Quadra* und *Galcano.*
Montaña di Buen-Tiempo (ebendaselbst).	4549	2334	
Vulkan von Arequipa (Peru) .	2693	1382	*Espinosa.*
Berg Duida, westlich von den Orinoco-Quellen.	2551	1309	*H.*

GEMESSENE HÖHEN.		ÜBER DER MEERESFLÄCHE,		NAMEN DER BEOBACHTER.
		IN METERN	IN TOISEN	
	Sattelberg (Silla) von Caraccas.	2564	1316	*H.*
	Tumiriquiri, eine Sandstein-kuppe in Neu-Andalusien.	1902	976	*H.*
	Gipfel der Blauen Berge von Jamaica.	2218	1138	*Edward.*
B.	IN DER SÜDSEE : Mowna-Roa (Sandwich-Inseln)	5024	2578	*Marchand.*
C.	IN ASIEN. . . . Tumel Mezereb, Spitze des Libanon.	2906	1491	*La Billardière (Icones plant. Syriæ, dec.I, p.5).*
	Opbyr (Sumatra).	3950	2027	*Marsden.*
D.	IN AFRIKA. . Pico de Teyde	3705	1901	*Cordier.*
		3701	1899	*Johnstone.*
		3689	1893	*Borda (nach Shukburgs Barometer-Formel).*
		(4313)	(2213)	*Feuillé (geometrisch).*
		(4687)	(2405)	*Heberden (geometrisch).*
		(5180)	(2658)	*Man. Hernandez (geom.)*
	Tafelberg	1054	542	*La Caille.*
	Morne de Salazes (île de la Réunion).	3300	1693	*La Caille, etwas ungewifs.*
E.	IN EUROPA, IN DER ALPEN-KETTE : Mont-Blanc	4775	2450	*Saussure (nach Shukburgs Formel).*
		4728	2426	*Pictet (geometrisch).*
		4660	2391	*Deluc (theils geometr., theils barometrisch).*
	Mont-Rose.	4736	2430	*Saussure.*
	Ortler, in Tyrol	4699	2411	Etwas ungewifs.
	Jungfrau.	4180	2145	*Tralles.*
	Finsterahorn	4362	2238	*Tralles.*
	Mönch.	4114	2111	*Tralles.*
	Schreckhorn	4079	2093	*Tralles.*
	Eiger	3983	2044	*Tralles.*
	Breithorn	3902	2002	*Tralles.*
	Grofsglockner, in Tyrol. . .	3898	2000	Etwas ungewifs.
	Alt-Els	3713	1905	*Tralles.*
	Aiguille du Dru	3794	1947	*Saussure.*

GEMESSENE HÖHEN.	ÜBER DER MEERESFLÄCHE,		NAMEN DER BEOBACHTER.
	IN METERN.	IN TOISEN.	
Wetterhorn........	3720	1909	*Tralles.*
Frau............	3699	1898	*Tralles.*
Doldenhorn	3666	1881	*Tralles.*
Col - de - Géant	3426	1758	*Saussure.*
Rothorn..........	2935	1506	*Saussure.*
Le Cramont	2732	1402	*Saussure.*
Buet	3075	1578	*Saussure.*
Watsmann (Oberbayern)...	2941	1509	*Beck.*
Fourche de Betta	2633	1351	*Saussure.*
Schneeberg bey Sterzing ...	2522	1294	*Buch.*
Steinsalz von S. Maurice in Savoyen.	2188	1123	*Saussure.*
Steinsalz der Wasserberge in Tyrol.	1652	848	*Buch.*
Pettine, Gipfel des Gothard ..	2722	1397	*Saussure.*
Fels bey Pafs-Lug (Salzburg)..	2161	1109	*Moll.*
Gipfel des Brenner (Tyrol). .	2066	1060	*Buch.*
Montanvert........	1859	954	*Saussure.*
Untersberg (Salzburg). ...	1800	924	*Schieg.*
Hobestaufen (Salzburg) ...	1793	920	*Schieg.*
Dole (Jura)	1648	846	*Saussure.*
Alpenpässe von Deutschland, der Schweitz und Frankreich, nach Italien :			
über den Mont-Çervin. .	3410	1750	*Saussure.*
über den col de Seigne .	2461	1263	*Saussure.*
über den grand S. Bernard.	2428	1246	*Saussure.*
über den col Terret . . .	2321	1191	*Saussure.*
über den petit S. Bernard.	2192	1125	*Saussure.*
über den S. Gothard . . .	2075	1065	*Saussure.*
über den Mont-Cenis ..	2066	1060	*Saussure.*
über den Simplon	2005	1029	*Saussure.*
über den Splügen	1925	988	*Scheuchzer.*
über die Rastadter Tauren.	1559	800	*Moll.*
über den Brenner	1420	729	*Buch.*
DEUTSCHE GEBIRGE, nördlich an der Alpenkette :			
Schneekoppe (Schlesien), . .	1608	825	*Gersdorf.*

GEMESSENE HÖHEN.	ÜBER DER MEERESFLACHE,		NAMEN DER BEOBACHTER.
	IN METERN.	IN TOISEN.	
Grofse Rad	1512	776	*Gersdorf.*
Tafelfichte	1150	590	*Gersdorf.*
Hohe Eule	1079	554	*Gersdorf.*
Zohtenberg	721	370	*Gersdorf.*
Brocken	1062	545	*Deluc.*
ITALIÄNISCHE GEBIRGE, südlich von der Alpenkette :			
Ätna	3338	1713	*Saussure* (nach Shukhurgs Formel).
Legnone (eigentlich noch zur Lombardischen Alpenkette gehörig).	2806	1440	*Pini.*
Monte-Rotondo (Corsica)	2672	1371	*Perney.*
Monte-d'Oro (Corsica)	2652	1361	*Perney.*
Monte-Grosso (Corsica)	2237	1148	*Perney.*
Monte-Vellino (Apenninen).	2393	1228	*Shukburg.*
Erix (Sicilien)	1187	609.	
Monte-Cervello (Corsica)	1826	937	*Perney.*
Vesuv ,	1198	615	*Shukburg,*
Venda, höchster Gipfel der Euganäen.	555	285	Graf *Sternberg.*
La Fenestra , ein Gipfel des Monte-Baldo.	2149	1103	Graf *Sternberg.*
Monte-Maggiore , der höchste Gipfel des Monte-Baldo	2227	1143	Graf *Sternberg.*
GEBIRGSKETTE DER PYRENÄEN :			
Mont-Perdu , der höchste Gipfel der spanischen Pyrenäen.	3436	1763	*Vidal, Réboul, Ramond.*
	3356	1727	*Méchain,* etwas ungewifs.
Vignemale, der höchste Gipfel der französischen Pyrenäen.	3356	1722	*Vidal.*
Le Cylindre	3332	1710	*Vidal* und *Réboul.*
Maladette	3255	1670	*Cordier,* etwas ungewifs.
Erster Thurm des Marhoré	3188	1636	*Vidal* und *Réboul,*
Neouvielle	3155	1619	*Ramond.*
Brèche de Roland.	2943	1510	*Ramond.*
Pic du Midi.	2935	1506	*Vidal* und *Réboul.*
	2865	1470	*Méchain.*
Le Pic long	3251	1668	*Ramond.*

| GEMESSENE HÖHEN. | ÜBER DER MEERESFLÄCHE, | | NAMEN DER BEOBACHTER. |
	IN METERN.	IN TOISEN.	
Canigou	2808	1441	Cassini.
	2781	1427	Méchain.
Pic du Montaigu	2376	1219	Ramond.
Pyrenäen - Pässe zwischen Frankreich und Spanien :			
Port de Pinède	2516	1291	Ramond.
Port de Gavernie . . .	2331	1196	Ramond.
Port de Cavarère . . .	2259	1151	Ramond.
Pafs des Tourmalet . .	2194	1126	Ramond.
IN FRANKREICH, nördlich von den Pyrenäen :			
Montagne de Mezin (Cevennes).	2001	1027.	
Mont - d'Or	1886	968	Delambre.
	2042	1048	Cassini.
Cantal	1857	953	Delambre.
	1935	993	Cassini.
Puy - Mary	1658	851	Delambre.
	1863	956	Cassini.
Col - de - Cabre	1689	867	Delambre.
Puy - de - Dôme	1477	758	Delambre.
	1592	817	Cassini.
Le Ballon (Vogesen) . . .	1403	720.	
Mont S. Victor (bey Aix) . .	970	498	Thulis.
IN SPANIEN, südlich von den Pyrenäen :			
Picacho de la Veletta (Sierra Nevada de Grenada)	2249	1154	Thalacker.
Pallast von S. Ildefonso. .	1155	593	Thalacker.
IN SCHWEDEN : Kinekulle	306	157	Bergmann.
IN ISLAND . . Snœfials Jokull	1559	800	Povelsen.
Hekla.	1013	520	Povelsen.
IN SPITZBERGEN : Parnassus - Berg	1194	613	Lord Mulgrave.

ENDE.

GÉOGRAPHIE DES P

Tableau physique

Dressé d'après des Observations & des Mesur

jusqu'au 10.e de latitude

ALEXANDRE DE

		HAUTEUR de la haute atmosphère …	ÉCHELLE …	DEGRÉ …	VUES Géologiques		

NTES ÉQUINOXIALES.

Andes et Pays voisins

Sur les lieux depuis le 10.ᵉ degré de latitude boréale …

en 1799, 1800, 1801, 1802 et 1803.

ET AIMÉ BONPLAND.